Zu diesem Buch

«Trefils Buch ist eine faszinierende Chronik der geistreichen Versuche, mit den Problemen der heutigen Modelle des Universums zu Rande zu kommen. Man erfährt, zur Lösung welcher Probleme die Dunkle Materie, ein inflationäres Universum, Große Einheitliche Theorien und ‹Strings› ausgeklügelt wurden und warum alles – so eindrucksvoll es auch ist – doch das Problem nicht befriedigend lösen konnte oder nur an eine andere Stelle verschob.

Wer von diesen Problemen und Problemlösungsversuchen das Wesentliche wissen will, ohne technische Details, Formeln, komplizierte Diagramme und in einfacher klarer Sprache – für den hat James Trefil das richtige Buch geschrieben.»
Wiener Zeitung

Der Autor

Dr. James Trefil ist Physik-Professor an der George Mason University in Virginia. Er hat ein knappes Dutzend naturwissenschaftlicher Bücher für den Laien geschrieben, von denen in deutscher Übersetzung vorliegen: «Sind wir allein im Universum?», «Reise in das Innerste der Dinge», «Im Augenblick der Schöpfung», «Physik im Strandkorb», «Physik in der Berghütte».

James Trefil

Fünf Gründe, warum es die Welt nicht geben kann

Die Astrophysik
der Dunklen Materie

Deutsch von Hubert Mania
unter fachlicher Beratung von
Dr. Klaus Henning

Rowohlt

rororo science
Lektorat Jens Petersen

Veröffentlicht im Rowohlt Taschenbuch Verlag GmbH,
Reinbek bei Hamburg, Mai 1992
Copyright © 1990 by Rowohlt Verlag GmbH,
Reinbek bei Hamburg
Die Originalausgabe erschien 1988 unter dem Titel
«The Dark Side of the Universe»
im Verlag Charles Scribner's Sons/Macmillan Publishing
Company, New York
Copyright © 1988 by James Trefil
Illustrationen Judith Peatross und Bettina Harders
(Abb. 23, 30, 31, 36 und Details in Abb. 2, 4 und 13)
Umschlaggestaltung Barbara Hanke
Illustration Jens Kreitmeyer
Der Verlag dankt Prof. Dr. Peter Hühn, Universität Hamburg,
für die Übersetzung der Zeilen aus dem Gedicht
«Der Garten der Proserpina» von Algernon Swinburne (S. 233)
Gesamtherstellung Clausen & Bosse, Leck
Printed in Germany
1290-ISBN 3 499 19313 2

Inhalt

Prolog 7

Eins
Der Horizont weitet sich, die Erde schrumpft 13

Zwei
Die Entdeckung der Galaxien 32

Drei
Der Urknall 50

Vier
Fünf Gründe, warum Galaxien nicht existieren können 68

Fünf
Blasen und Superhaufen 82

Sechs
Wohin der Blick nicht reicht: Dunkle Materie 100

Sieben
Wie die Dunkle Materie die Struktur des Universums
enthüllen könnte 115

Acht
Dunkle Materie und fehlende Masse:
Wieviel müßte vorhanden sein? 128

Neun
Kandidaten für die Dunkle Materie 147

Zehn
Die Kapriolen um das massive Neutrino 159

Elf
Wird das Universum von WIMPs beherrscht?
Exotische Kandidaten für Dunkle Materie 177

Zwölf
Kosmische Strings – die Lösung oder Patentrezept? 194

Dreizehn
Die experimentelle Suche nach Dunkler Materie 212

Vierzehn
Das Schicksal des Universums 223

Weiterführende Literatur 237

Register 239

Prolog

Der Mathematiker, Staatsmann und Musiker Archytas von Tarent, Freund Platons und Nachfolger des Pythagoras, erwiderte auf die Frage «Ist das Universum endlich oder unendlich?»: «Nehmen wir an, es sei begrenzt, habe also ein Ende, dann könntest du mit deinem Speer bis zum Rand des Universums gehen. Was geschähe, wenn du den Speer von dort aus so weit wie möglich hinausschleudertest? – Im leeren Raum gibt es nichts, was den Speer zur Umkehr bringen könnte, also würde er sich so lange fortbewegen, bis er landete. Die Stelle aber, an der er aufträfe, läge jenseits des Punktes, den du zum Rand erklärt hast. Du könntest dich nun zu diesem weiter entfernten Punkt begeben, erneut den Speer werfen und wieder bis zur neuen Landestelle gehen. Ganz gleich, wo du den Rand ziehst, für deinen Speer wird es immer einen Ort jenseits davon geben. Mit jedem Wurf wird dein Universum größer. Daraus schließen wir, daß das Universum keinen Rand haben kann und daher unendlich sein muß.»

Archytas und sein Speer bieten ein treffendes Bild für eine der größten Unternehmungen des menschlichen Geistes – das Streben nach dem Wissen um die wahre Größe und Struktur des Universums. Anders als bei vielen ähnlichen wissenschaftlichen Unternehmungen wird diese Suche fast ausschließlich von der tiefverwurzelten Neugier, vom Wissensdurst des Menschen angetrieben, denn es ist höchst unwahrscheinlich, daß die Erkundung der Grenzen des Universums, Milliarden Lichtjahre von der Erde entfernt, dem Suchenden materiellen Vorteil verschaffen wird. Sie wird weder den Hunger in der Welt stillen noch der Kriegswaffentechnik neue Impulse geben. Trotzdem haben sich im Laufe der Menschheitsgeschichte viele der besten Denker dieser Frage gewidmet. Und wir, die wir die Früchte ihrer Arbeit als Vermächtnis übernommen haben, sind ihnen, im Gegensatz zu manchen ihrer Zeitgenossen, dafür dankbar.

Unser Wissen über das Universum erlangten wir Schritt für Schritt – ähnlich dem Speerwerfer in der Geschichte des Archytas. Ein Blick zurück in die Geschichte zeigt, welch prägende Wirkung jahrtausendelang von der Vorstellung ausging, das Universum dehne sich nicht viel weiter aus als der blaue Himmel, und alle waren sich darüber einig, daß dieser von einem Riesen (oder Drachen oder was auch immer) getragen wurde. Einwände von Männern wie Archytas wurden ignoriert, denn es war beruhigend, daran zu glauben, man habe dem Universum bereits die meisten seiner Geheimnisse entlockt. Doch dann schleuderte der Speerwerfer, verkleidet als polnischer Geistlicher namens Nikolaus Kopernikus, seinen Speer, und das Universum wurde viel größer, viel leerer, als seine Vorgänger hätten ahnen können. In unserem Jahrhundert tauchte der Speerwerfer in Gestalt des amerikanischen Astronomen Edwin Hubble auf. Er wies nach, daß die Sterne, die wir nachts sehen, lediglich zu einer von vielen Milliarden Galaxien gehören – Galaxien, die in einem Universum beheimatet sind, wie es sich wiederum Kopernikus nie hätte vorstellen können.

Heutzutage ist der Speer des Archytas kein von Menschenhand gefertigter Gegenstand mehr, sondern ein Quasar, der sich, an der äußersten Grenze der Nachweisbarkeit, mit annähernder Lichtgeschwindigkeit von uns fortbewegt. Wir können nicht länger an der simplen Vorstellung festhalten, unser «Speer» werde irgendwo landen – und selbst wenn wir dies annähmen, nützte uns die tatsächliche Landung nichts, da Milliarden von Jahren vergingen, bis wir davon erführen. Statt dessen studieren wir die Fortbewegungsart des Speeres, betrachten die verschiedenen Anordnungen der Speere am Himmel und versuchen herauszufinden, wie unser Universum aufgebaut ist.

Und wie gewaltig ist dieses Universum! Mächtige Galaxienströme eilen durch die Leere des Alls. In allen Blickrichtungen sehen wir, wie die Materie langgezogene Blasen bildet, die, wie ein Netz miteinander verschlungen, große Leerräume umschließen – wie zum Spott all jener, die versuchen, eine einfache Gleichförmigkeit in der Natur zu finden. Selbst die Grundstruktur des Universums entspricht nicht unseren Erwartungen. Form und Zusammensetzung der im All existierenden Materie ist uns zu mindestens 90 Prozent unbekannt. Kaum ein Monat vergeht, in dem nicht neue, unerwartete Aspekte des Universums ans Licht kommen. Während wir uns den letzten Fragen nähern, scheint das Universum in immer rascherem Tempo seine Geheimnisse preiszugeben.

So stellt sich heraus, daß der größte Teil des Universums für uns unsichtbar ist, da er weder Licht- noch Radiowellen abgibt, die von seinem Vorhandensein zeugen könnten. Es ist durchaus möglich, daß die gewaltige Sternenkuppel des Himmels mit der wirklichen Funktionsweise der Dinge so wenig zu tun hat wie ein in einem Fluß schwimmender Zweig mit dem Fließen des Wassers. Mit anderen Worten, wir leben in einem Universum, in dem das Verhalten bekannter Materieformen, wie Sonne und Milchstraße, womöglich vollständig von einem Stoff bestimmt wird, den wir nicht sehen können, dem wir aber schon einen Namen gegeben haben: «Dunkle Materie».

Bringt eine Wissenschaft neue Ideen hervor, entstehen zwischen ihnen und alten Problemen häufig unvorhergesehene Verbindungen. Es ist Astronomen stets schwergefallen, eine Erklärung dafür zu finden, warum sich Sterne zu Galaxien gruppieren, statt gleichmäßiger im Raum verteilt zu sein. Je mehr wir über die grundlegenden Naturgesetze erfahren, um so deutlicher scheinen diese uns mitzuteilen, daß die sichtbare Materie – der Stoff, den wir sehen können – nicht auf die für uns erkennbare Weise angeordnet sein dürfte. Eigentlich dürfte es in den Weiten des Weltraums gar keine Galaxien geben, und wenn es sie nun schon einmal gibt, dürften sie sich zumindest nicht zu solchen Formationen verbunden haben, wie sie sich dem Blick durchs Teleskop darbieten.

10 Prolog

Astronomen, die mit immer besseren Instrumenten ins Universum hinausschauen, haben vor ihren Augen seltsame Formen Gestalt annehmen sehen. Zunächst entdeckten sie andere Galaxien, die der Milchstraße glichen. Dann erkannten sie, daß diese Galaxien zu Haufen angeordnet sind. Und erst kürzlich stellte man fest, daß die Galaxienhaufen selbst sich zu langen, fadenartigen Gruppierungen formieren, den Superhaufen. Die aufregendste (und neueste) Entdeckung ist jedoch, daß sich zwischen diesen Superhaufen gewaltige Regionen erstrecken, in denen keine Sterne leuchten und sich keine Galaxien bilden: die sogenannten Leerräume.

Überall innerhalb dieser großen Strukturkette, von der Milchstraße bis zu den größten bekannten Superhaufen, finden wir Spuren der Dunklen Materie wie Fußabdrücke im Sand. In den letzten Jahren haben wir allmählich erkannt, daß beide Probleme – das der Struktur und das der Dunklen Materie – miteinander verknüpft sind. Auch deutet vieles darauf hin, daß sie zusätzlich mit einer dritten wichtigen Frage verbunden sein könnten – der nach Ursprung und Evolution des Universums. Mit anderen Worten, wir scheinen in eine Situation geraten zu sein, wo uns das Scheitern bei der Lösung einer Reihe von Problemen zu der Erkenntnis geführt hat, daß alle Rätsel zusammen gelöst werden müssen. Ein Ansatz, der darauf baut, Stück für Stück voranzukommen, hat keine Aussicht auf Erfolg.

In den folgenden Kapiteln möchte ich Ihnen jene seltsame Nische der Wissenschaft vorstellen, wo nach Lösungen für diese Art von Problemen gesucht wird. So wie Kinder mit Murmeln spielen, jonglieren dort Theoretiker mit Galaxien, die Milliarden von Sonnen umfassen. Eine neue Entdeckung hat hier kaum Zeit, in die Schlagzeilen zu gelangen, weil sie immer schon von einer nächsten, noch erstaunlicheren verdrängt wird. Es ist eine Welt, die die Grenzen des menschlichen Bewußtseins weitet, eine Welt, in der «Quark-Nuggets», Schattenuniversen und kosmische Strings (Fäden, Saiten) die theoretische Landschaft bevölkern. Ein Ort, wo es kocht und brodelt, wo neue Ideen gären, wo es so aufregend und lebendig zugeht, wie man es sich von einer Wissenschaft nur wünschen kann.

Wir haben Glück, denn was wir heute sehen, ist ein Schnappschuß, eine Momentaufnahme von der Entstehung einer neuen Wissenschaft. Da noch nicht alle Antworten vorliegen, können wir uns um so besser auf den Prozeß konzentrieren, in dem sich die Wissenschaftler auf die Erkenntnis zu bewegen, als auf die Gewißheiten selbst. Sie werden genug darüber erfahren, wie man in der Wissenschaft schlechte Einfälle eliminiert, so daß ich keine Skrupel habe, Ihnen von den kosmischen Strings zu erzählen, meinen persönlichen Favoriten im «Wettrennen um die Dunkle Materie». Wie der Name schon andeutet, sollen dies lange, eindimensionale Schnüre aus Dunkler Materie sein. Sie sind unvorstellbar dicht, und sie nahmen Gestalt an, als das Universum einen Sekundenbruchteil alt war. Später fungierten sie als Kerne, um die sich sichtbare Materie sammelte, und heute vermuten einige Theoretiker, sie seien in den Superhaufen anzutreffen, die sich über den Himmel erstrecken. Falls dies zutrifft, dann ist das Universum wahrhaftig seltsamer als alles, was wir uns bisher haben vorstellen können. Es wäre (prinzipiell) möglich, mit einem Raumschiff zu einem Abschnitt eines kosmischen String zu reisen, auszusteigen und eine Milliarde Lichtjahre weit darauf spazierenzugehen – ungefähr ein Zehntel der ganzen Wegstrecke quer durchs Universum.

Heute, mehr als zwei Jahrtausende nachdem Archytas zum ersten Mal seine These über die Natur des Universums aufstellte, stehen wir kurz vor einer Antwort auf seine Frage nach dessen Größe und Struktur. In riesigen Teilchenbeschleunigern, in fernen Sternwarten und in gigantischen, zahlenfressenden Rechenzentren beginnen Wissenschaftler, dem Speerwerfer auf den Leib zu rücken, seine Optionen zu verringern und seine Bewegung einzuschränken. Vielleicht hat unsere Generation das Privileg, die endgültige Antwort auf Fragen zu geben, die dem menschlichen Geist seit der Morgendämmerung der Geschichte keine Ruhe ließen.

Stellen Sie sich bitte vor, wie Sie Ihren bequemen Sessel verlassen und mit mir zu den äußersten Grenzen menschlicher Erkenntnis und Vorstellungskraft reisen. Unser Ziel ist nichts Geringeres als das Wissen um Ursprung, Struktur und Schicksal des Universums.

Eins

Der Horizont weitet sich, die Erde schrumpft

Als den gelehrten Astronomen ich hörte,
Als die Beweise, die Zahlen in langen Reihen er vor mir entwickelt',
Als die Tabellen und Diagramme er mir zeigte, sie zu addieren, zu teilen und sie zu messen,
Als den Astronomen ich hörte, der seinen Vortrag hielt unter großem Applaus,
Wie bald wurde ich da so sonderbar müde und krank,
Bis ich mich erhob, aus dem Saale mich schlich und einsam wanderte
Hinaus in die feuchte, mystische Nacht, wo von Zeit zu Zeit den Blick still ich hob nach den Sternen…

WALT WHITMAN
«Als den gelehrten Astronomen ich hörte»

Jede Zivilisation bekommt das Universum, das sie verdient. Damit will ich nicht sagen, daß sich das Universum tatsächlich verändert, wenn sich unsere Vorstellungen von ihm wandeln; nur ein Philosoph vom Elfenbeinturm könnte eine solche Behauptung aufstellen. Ich möchte damit nur ausdrücken, daß sich mit der Erweiterung des Wissens über das Universum die Fragen, die wir stellen, und die Bedeutung ändern, die wir dem Gefüge des Himmels zuschreiben.

Jeder beginnt mit den gleichen grundlegenden Tatsachen: Die Sonne geht im Osten auf und im Westen unter, die Sterne bleiben im Verhältnis zueinander in festen Positionen, die Planeten bewegen sich. Die Menge der Informationen, über die wir verfügen, entscheidet darüber, was wir aus diesen Tatsachen machen, welche Art von Universum wir konstruieren, um sie zu erklären – je mehr Fakten vorhanden sind, desto weniger Freiheit bleibt der Phantasie. Und entscheidend ist natürlich auch, was wir als stichhaltige Erklärungen für unsere Beobachtungen anzuerkennen gewillt sind. Für die griechischen Kollegen des Archytas beispielsweise wäre ein Kosmos, dessen Mittelpunkt nicht die Erde bildete, schlicht undenkbar gewesen. Uns hingegen ist diese Vorstellung völlig geläufig, was sich wiederum auf die verschiedenen Modelle des Universums auswirkt, die wir in unseren Köpfen konstruieren.

Wenn sich aus dem Fortschritt, den die Menschheit mit ihren aufeinanderfolgenden Konzeptionen vom Universum gemacht hat, eine Lehre ergibt, dann ist es folgende: Je mehr wir in Erfahrung bringen, desto weniger scheinen unser Planet und die Menschheit im Mittelpunkt des Weltalls zu stehen. Wir sind mittlerweile so weit, uns als Bewohner eines kleinen Felsbrockens zu sehen, der in einer ganz und gar durchschnittlichen Galaxie eine ganz gewöhnliche Sonne umkreist. Zudem haben wir festgestellt, daß die Dinge im Kosmos nicht zufällig geschehen. Vielmehr liegen jedem Ereignis einige wenige Naturgesetze zugrunde – Gesetzmäßigkeiten, die wir in unseren Forschungsstätten entdecken können. Alles, was wir am Himmel, wie auch auf der Erde, sehen, geschieht auf einsehbare, geordnete Weise. Das ist unser Universum, wie wir es in der Schule kennenlernen, aber es ist keineswegs das einzige Universum, das sich der menschliche Verstand auszudenken vermag.

Zur Erläuterung möchte ich Ihnen ein paar Beispiele geben. Der älteste uns überlieferte Schöpfungsmythos ist das babylonische Epos «Enuma elisch». Der Name leitet sich von den ersten beiden Worten des Epos ab, die grob übersetzt «Als auf der Höhe» bedeuten. Wie alle Schöpfungsgeschichten erzählt das «Enuma elisch» in sich schlüssig, wie das Universum entstand und warum es so aussieht, wie es sich unseren Blicken darbietet. Den Höhepunkt des Geschehens bildet der Kampf zwischen Marduk, «am höchsten geehrt unter den großen Göttern», und dem Urwesen Tiamat mit seinen Ungeheuern, das die Kräfte des Chaos verkörpert und zugleich Mutter vieler Götter ist. Marduk siegt in diesem Kampf und schneidet Tiamats Körper in zwei Teile. Mit der einen Hälfte erschafft er die Erde, mit der anderen den Himmel. Später befestigen die Götter Sterne am Firmament, um die Menschen an ihre religiösen Pflichten zu erinnern.

Wenden wir uns erneut den Ägyptern zu. Der Lauf der Sonne am Himmel ist für alle Völker ein Ereignis von zentraler Bedeutung. Sie wird in den meisten frühen Modellen des Universums als Fahrt eines Sonnengottes in seinem Wagen dargestellt. In einer Version dieses Mythos, die im Mittleren Ägyptischen Reich geläufig war, fährt der Sonnengott täglich über den Himmel. Abends steigt er hinab in die Unterwelt, wo er sich eine Schlacht mit dem König der Dunkelheit liefert. Dabei kämpft er sich den Weg zurück zum Osten frei, um wieder aufsteigen zu können. Das Blut, das bei diesen Schlachten vergossen wird, färbt den Auf- und Untergang der Sonne rot.

Glaubt man an diese Erklärung für den Sonnenaufgang, muß man natürlich auch die Möglichkeit in Betracht ziehen, daß der König der Dunkelheit eines Nachts gewinnen könnte. Die alte Frage «Wird die Sonne morgen aufgehen?» war für einen nachdenklichen Ägypter jener Zeit keine Sophisterei. Nie konnte er den Sonnenaufgang als Selbstverständlichkeit betrachten, als ein Ereignis, das zwangsläufig eintritt. Es war jedesmal etwas Besonderes, ein Wunder, abhängig vom Kriegsglück des Sonnengottes in der vorangegangenen Nacht.

Für die Babylonier war sogar die Existenz des gesamten Universums nur einem Geschehen zu verdanken, das sich auch anders hätte wenden können. Wir sind hier, weil Marduk die Ungeheuer bezwang. Hätte er nicht gesiegt, würde noch heute das urzeitliche Chaos herrschen. Es gäbe keine Erde, keinen Himmel und selbstverständlich auch keine Menschen, die sich über die Schöpfung Gedanken machen könnten. In diesen beiden Beispielen hängen wichtige Grundzüge der Welt von Ereignissen ab, die nicht durch unveränderliche Gesetze bestimmt sind. Das Universum konnte ausschließlich von Göttern beherrscht sein, und nur Rituale konnten sie gewogen stimmen, sich um menschliche Bedürfnisse zu kümmern.

Wahrscheinlich gab der Kosmos der Geister und Götter denen, die an sie glaubten, viel mehr emotionale Zufriedenheit, als uns jenes Universum, wie es sich uns heute darstellt. Schließlich war es ein Kosmos, in dem alles auf sehr menschliche Weise geschah. Selbst in unserer Zeit ist die Anziehungskraft dieser alten Glaubensvorstellungen noch nicht völlig verlorengegangen. Im Zuge der Gegenkultur, die in den sechziger Jahren aufbrach, begannen viele, die rationale, wissenschaftliche Kultur des Westens abzulehnen, und fanden zu eher mythischen Ansichten über das Universum zurück. Doch so sehr diese alten Vorstellungen auch das Gefühl ansprechen mochten, in intellektueller Hinsicht ließen sie viel zu wünschen übrig. Ob in der Unterwelt gekämpft wird oder nicht – die Sonne geht jeden Morgen auf. Die Bewegungen der Sterne und Planeten mögen der göttlichen Laune unterliegen, aber sie sind regelmäßig und vorhersagbar. Zumindest dem Menschen des zwanzigsten Jahrhunderts scheint es Schwierigkeiten zu bereiten, die in den alten Kosmologien geschilderte Abhängigkeit des Universums vom Wirken der Götter mit der Regelmäßigkeit des Geschehens am Himmel zu vereinbaren.

Erst die Griechen entwarfen ein Bild vom Universum, das unserer heutigen Auffassung in mancher Hinsicht ähnelt. Ihre Ideen zeichneten sich durch eine gesunde Mischung aus Beobachtung, Skepsis und Theorie aus. Eine Generation vor Archytas reiste beispielsweise der Historiker Herodot, der «Vater der Geschichte», durch Ägypten. Er besuchte einen Tempel, in dem die Priester ihrem Gott jeden Abend Essen hinstellten. Morgens war das Essen stets verschwunden, eine Tatsache, die sie Herodot als Beweis für die Existenz des Gottes präsentierten. Sein Kommentar: «Ich sah zwar keinen Gott, aber ich sah eine Menge Ratten am Sockel der Statue.» Wer so denkt, den muß man einfach mögen!

Nicht zuletzt diese Einstellung, die Zweifel und Fragen gewähren ließ, führte die Griechen zu Modellen des Universums, die sich deutlich von unseren Beispielen aus früheren Zeiten unterschieden, und die Resultate ihres Denkens waren von so zwingender Logik, daß sie sich über die Renaissance hinaus, also fast fünfzehnhundert Jahre lang, als allgemein anerkannte Lehre vom Himmel behauptete. Ich frage mich, ob unsere heutigen Vorstellungen über das Universum so lange Bestand haben werden!

Als größter Kompilator der griechischen Astronomie gilt Claudius Ptolemäus, der im zweiten Jahrhundert n. Chr. in Alexandria lebte. Obwohl er den Namen der damaligen Herrscher Ägyptens trug, war er, soweit wir heute wissen, nicht mit der königlichen Familie verwandt. Er arbeitete in einer Einrichtung, die als Museum von Alexandria weithin bekannt war, ein Vorläufer unserer modernen staatlichen Forschungszentren und Laboratorien. Die Wissenschaftler und Gelehrten im Museum forschten und veröffentlichten ihre Ergebnisse, ohne durch andere Lehrverpflichtungen behindert zu sein. Ptolemäus kompilierte die Beobachtungsergebnisse seiner griechischen und babylonischen Vorgänger, fügte ein paar eigene hinzu und entwickelte so, auf der Basis früherer Forschungen, ein Modell des Universums, das alles bis dahin Beobachtete erklärte.

Abbildung 1 zeigt eine Skizze des Ptolemäischen Universums. Die Erde befindet sich im Mittelpunkt. Um sie herum drehen sich kristallene Sphären, die die Sonne, den Mond und die Planeten tragen. Jede Sphäre dreht sich mit einer anderen Geschwindigkeit, was die Bewegung der Planeten in bezug zueinander und zu den Fixsternen erklärte. Diese, die unveränderlich festen Fixsterne, werden von der äußersten Sphäre getragen. Sie rotiert mit einer Geschwindigkeit von etwas mehr als einer Umdrehung pro Tag. Die eine Umdrehung lieferte eine Erklärung für die Bewegung der Sterne am Nachthimmel, und mit der kleinen Extrastrecke ließ sich begründen, warum am Winter- und am Sommerhimmel verschiedene Sterne erscheinen. Um die Bewegungen der Planeten vor dem Himmelshintergrund im Detail beschreiben zu können, muß man annehmen, daß sie sich auf kleinen kreisförmigen Bahnen, Epizykel genannt, fortbewegen, die wiederum auf den Hauptsphären abrollen.

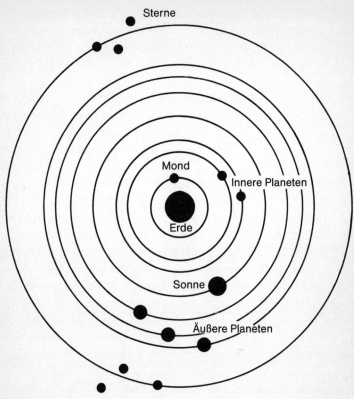

Abb. 1

Das Universum des Ptolemäus gründete sich auf zwei stillschweigenden Voraussetzungen, die im griechischen Denken eine entscheidende Rolle spielten. Geozentrismus heißt die erste: die Lehre, die Erde bilde den Mittelpunkt aller Dinge. Die zweite ist die Vorstellung, daß die himmlischen Bewegungen in Kreisen verlaufen. Es lohnt sich, diese Annahmen im Gedächtnis zu behalten, denn es sind verblüffende Beispiele für den Fehler, sich auf Vorstellungen zu verlassen, die so offensichtlich sind, daß sie unanfechtbar scheinen.

Griechische Kosmologie: Kreisbahnen, Geozentrismus 19

Unglücklicherweise sind solche Ideen häufig falsch. Die Welt und unsere Gedanken über sie sind zwei verschiedene Paar Schuhe, auch wenn wir das manchmal nicht wahrhaben wollen.

Nichts könnte zum Beispiel offensichtlicher sein, als daß die Erde stillsteht und die Sonne und die Planeten sich um sie herum bewegen. Jeder, der einmal einen Sonnenuntergang betrachtet hat, weiß, daß die Sonne unter den Horizont sinkt. Um etwas anderes zu glauben, ist eine ähnlich beeindruckende und überzeugende Erfahrung erforderlich, die Zweifel an der unmittelbaren Evidenz unserer sinnlichen Wahrnehmung aufkommen läßt. Das gleiche gilt für die Annahme der kreisförmigen Bewegung. Die griechischen Astronomen beriefen sich dabei auf ein sehr einfaches Argument: Der Himmel müsse, für jeden offensichtlich, vollkommen und unveränderlich sein. Folglich müßten sich die Sterne und Planeten in Umlaufbahnen bewegen, die von der vollkommensten der geometrischen Figuren beschrieben würden. Und was sei vollkommener als ein Kreis?

Der Kreis scheint eine seltsame Anziehungskraft auf den Menschen auszuüben. Jedesmal, wenn ich in einem meiner Seminare auf griechische Astronomie zu sprechen komme, führe ich einen kleinen Test durch. Ich frage die Studenten nach der perfektesten geometrischen Figur. Unweigerlich lautet die Antwort «Kreis» oder «Kugel». Nie habe ich jemanden spontan «Quadrat» oder «Sechseck» sagen hören. Hake ich nach und frage, warum denn der Kreis so vollkommen sei, herrscht gewöhnlich Schweigen. Schließlich rückt dann vielleicht jemand damit heraus, daß alle Punkte eines Kreises gleich weit vom Mittelpunkt entfernt seien. Wenn ich dann frage, warum dies ihn vollkommen mache, ist es totenstill.

Diese Szene, die ich oft genug wiederholt habe, um einen Zufall ausschließen zu können, veranschaulicht sehr gut, wie stillschweigende Voraussetzungen funktionieren. Es herrscht das Gefühl für die Richtigkeit solcher Annahmen, und solange niemand Fragen stellt, scheint alles logisch und wahr zu sein. Doch geschieht mit ihnen das gleiche wie mit des Kaisers neuen Kleidern in Andersens Märchen: Melden sich erst einmal Zweifel in den Köpfen der Leute, sehen sie plötzlich, was fehlt – eine Erfahrung, die vielen unangenehm ist und sie wütend macht. Ich glaube, deshalb wurden Ketzer auf dem Scheiterhaufen verbrannt.

Die beiden stillschweigenden Voraussetzungen der Griechen bildeten eineinhalb Jahrtausende lang den Kern aller Gedanken der Gelehrten über das Universum. Die in dieser Zeitspanne lebenden Menschen waren genauso schlau wie wir, aber es kam ihnen nie in den Sinn, Fragen zu stellen, die uns naheliegend scheinen. Was sagt das über unsere Fähigkeit, uns die Annahmen bewußtzumachen, von denen wir Tag für Tag ausgehen, ohne sie zu hinterfragen? Nichts Ermutigendes, fürchte ich.

Wir würden uns etwas vormachen, wenn wir nicht auf ähnliche Weise versuchten, unsere heutigen Vorstellungen vom Universum in Frage zu stellen. Soweit ich es beurteilen kann, ist die wichtigste stillschweigende Voraussetzung in der Kosmologie des zwanzigsten Jahrhunderts, daß es eine rationale, mathematisch formulierbare Lösung für jedes Problem gibt, bis hin zur Entstehung des Universums. Die meisten schütteln ungläubig den Kopf, wenn ihnen jemand mit dieser Behauptung kommt, und fragen: «Wie, bitte schön, soll denn die aussehen?» Ein Grieche hätte wahrscheinlich genauso reagiert, wenn jemand das Postulat des Geozentrismus angezweifelt und von einer ganz anderen Sicht der Dinge gesprochen hätte. Trotzdem lagen die Griechen falsch, und auch wir könnten unrecht haben. Und es ist ja noch gar nicht so lange her, da fochten einige Leute in der Universität von Berkeley diese stillschweigende Voraussetzung der westlichen Wissenschaft an. Sie behaupteten, das Aufkommen der Quantenmechanik zwänge die moderne Physik, sich einer Auffassung vom Universum zuzuwenden, die mehr im Einklang mit dem Buddhismus als mit dem traditionellen Denken stehe. Sie hatten großes Pech, denn ausgerechnet zu jenem Zeitpunkt, kurz nachdem sie ihre herausfordernden Thesen formuliert hatten, wurden die vereinheitlichten Feldtheorien veröffentlicht, einer der größten Fortschritte in der Geschichte der Wissenschaft. Auf diese Theorien komme ich später noch zu sprechen; hier ist es

Stillschweigende Voraussetzungen in der Kosmologie 21

nur wichtig, sich vor Augen zu halten, daß sie in einer Phase entwikkelt wurden, als die Grundfesten der Wissenschaft unter Beschuß standen, und daß sie dank ihres Erfolgs jedem ernsthaften Versuch, unsere stillschweigenden Voraussetzungen aufzustören, zumindest vorübergehend ein Ende setzten.

Ich beeile mich, hinzuzufügen, daß ich unser Postulat für korrekt halte; ich glaube an rationale Lösungen für die Probleme der Kosmologie. Durch gewissenhafte Anwendung der wissenschaftlichen Methode wird man diese Lösungen finden können. Aber da schon andere genauso fest an ihre Annahmen geglaubt haben wie wir und später dann doch unrecht behielten, sollten wir uns immer der Tatsache bewußt sein, daß eben auch wir auf der Grundlage von Annahmen vorankommen, die erst dann bestätigt werden, wenn alle Antworten vorliegen.

Wenn Sie die Erde für den Mittelpunkt des Universums halten, läßt sich Ihr Universum auf einen relativ kleinen Raum beschränken. Glauben Sie andererseits, daß die Erde die Sonne umkreist, muß das Universum ein gutes Stück größer sein. Dieser Sachverhalt gründet sich auf einen Effekt, der Parallaxe genannt wird.

Um sich die Parallaxe zu veranschaulichen, strecken Sie bitte einen Arm und den Zeigefinger aus und schließen dann ein Auge. Sie sehen mit Ihrem geöffneten Auge, wie Ihr Zeigefinger irgendein entferntes Objekt – ein Zeichen an einer Wand, einen Baum oder was auch immer – verdeckt. Schließen Sie jetzt dieses Auge, öffnen Sie das andere und schauen Sie wieder auf Ihren Finger. Sie werden feststellen, daß er nicht mehr vor demselben Punkt, sondern vor irgendeinem anderen steht. Diese Verschiebung nennt man Parallaxe. Eine graphische Darstellung dieses Experiments finden Sie in Abbildung 2 (oben). Wenn Sie «einäugig» auf Ihren Finger schauen, läuft Ihre Sichtlinie auf Punkt A zu, der mit Ihrem Finger zusammentrifft. Schauen Sie mit dem anderen Auge, verschiebt sich Ihre Sichtlinie, und Sie sehen Ihren Finger auf Punkt B. Hier ist keine Zauberei im Spiel, nur schlichte Geometrie.

Es gibt viele Beispiele für dieses Phänomen. Wenn Sie eine Straße

22 Der Horizont weitet sich, die Erde schrumpft

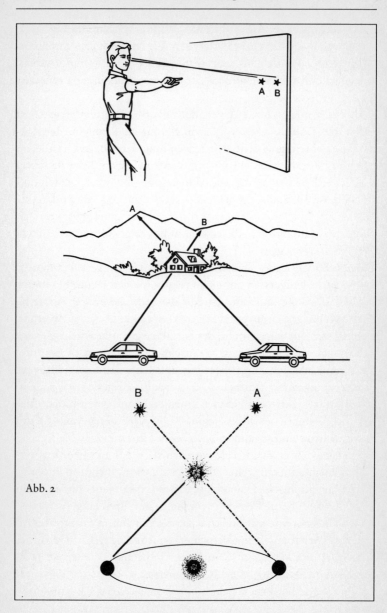

Abb. 2

entlangfahren, wie in Abbildung 2 (Mitte) dargestellt, kann es so aussehen, als bewege sich ein Haus gegen den entfernten Hintergrund. Die scheinbare Bewegung wird dadurch verursacht, daß Sie das Haus während der Fahrt von verschiedenen Punkten der Straße aus betrachten.

Stellen Sie sich nun einmal vor, wie die Erde die Sonne umkreist (Abbildung 2, unten). Ein naher Stern, den Sie im Sommer betrachten, liegt auf einer Linie mit irgendeinem weiter entfernten, etwa dem mit A bezeichneten Stern. Hat die Erde sechs Monate später die Hälfte ihrer Umlaufbahn zurückgelegt, bildet der nahe Stern mit einem anderen, zum Beispiel mit B, eine Linie. So wie das besagte Haus sich zu bewegen scheint, wenn Sie eine Straße entlangfahren, gibt es auch eine scheinbare Bewegung der näheren Sterne vor dem Hintergrund der weit entfernten.

Diese Sternparallaxe kann man allerdings nur mit Teleskopen beobachten. Der Effekt ist zu gering, als daß er mit irgendeinem der den Griechen oder den Wissenschaftlern des Mittelalters verfügbaren astronomischen Instrumenten hätte entdeckt werden können. Diese Gelehrten waren allein auf Beobachtungen mit bloßem Auge angewiesen. Für sie gab es keine Parallaxe, und dies wurde als wichtiges Indiz jedem Entwurf entgegengehalten, in dem die Erde nicht im Zentrum des Universums stand, sondern nur irgendeine Nebenrolle einnahm und eine Bahn beschrieb. Die Argumente einiger griechischer Wissenschaftler wie Pythagoras und Hipparchos, die der Sonne den zentralen Platz im Kosmos zuwiesen, wurden so kurzerhand vom Tisch gefegt. Erst im späten siebzehnten Jahrhundert konnte man den Grund für das vermeintliche Ausbleiben der Parallaxe angeben: Das Universum ist zu groß, so daß eine Parallaxe mit dem bloßen Auge nicht zu erkennen ist.

Das Universum des Ptolemäus mit der Erde im Mittelpunkt ließ sich im übrigen mit dem Denken der mittelalterlichen Gelehrten vorzüglich vereinbaren. Nachdem es im Europa des zwölften Jahrhunderts erst einmal eingeführt worden war (durch die Übertragung der griechischen und arabischen Schriften ins Lateinische), eroberte es die Universitäten im Sturm. Der einzige Widerstand gegen das Ptolemäische System, der mir bekannt ist, kam von dem Pariser Bischof Étienne Tempier. Im Jahre 1277 verfaßte er 219 Bannsprüche gegen die neue griechische Lehre, die sich in den Akademien verbreitete. Sein Haupteinwand schien zu sein, daß die Fakultäten durch ihre Dispute über Naturgesetze Gottes Macht einschränkten, eine Ansicht, die uns heute ein müdes Achselzucken kostet.

Auf jeden Fall wurde das Ptolemäische Universum rasch in das christliche Weltbild integriert, was aus Abbildung 3 hervorgeht. Es handelt sich um einen Holzschnitt aus der 1534 veröffentlichten «Biblia» Martin Luthers. Hier schaut Gott hinab auf eine Reihe konzentrischer Sphären. Im Zentrum der Garten Eden.

Das Ptolemäische System paßte zu der seit langem etablierten christlichen Auffassung eines moralischen Universums, in dem sich der Mensch, der ein Mittelreich zwischen Himmel und Hölle bewohnt, zu bewähren hat. Die Sternsphären befanden sich demnach zwischen Mensch und Himmel. Vulkane gewährten Einblicke in die Unterwelt, und der blaue Himmel am Tage war ein Spiegelbild der göttlichen Herrlichkeit. Wenn nachts das himmlische Leuchten von Schatten verhüllt war, gingen die Dämonen um – ein weiterer Beweis für die Gültigkeit dieser Kosmologie. Daß dann der große Gelehrte und Theologe Thomas von Aquin (etwa 1225 bis 1274) der wissenschaftlichen Vernunft das Recht zuerkannte, im Rahmen des christlichen Glaubens nach ihren eigenen Prinzipien und Methoden vorzugehen, untermauerte nur die geozentrische Kosmologie. Sie stimmte mit dem christlichen Glauben überein.

Das mittelalterliche Modell vom Universum verknüpfte also das Beste zweier Welten: die rationale, am Phänomen orientierte Astronomie der Griechen mit der Gewißheit vermittelnden, das Gefühl entsprechenden geistlichen Deutung des Lebens, wie sie die Mythologie seit jeher geboten hatte. Kein Wunder, daß Kirche und weltliche Obrigkeit in der späten Renaissance diese Synthese nur widerwillig aufgeben wollten.

Kosmologie im Mittelalter 25

Abb. 3

26   Der Horizont weitet sich, die Erde schrumpft

Aber es blieb ihnen keine andere Wahl – die alte, im Ptolemäischen System verankerte Voraussetzung der Griechen hielt der Überprüfung durch verbesserte Beobachtungsmethoden nicht stand. Als Ptolemäus die Größen und Rotationsgeschwindigkeiten all seiner ineinander verschachtelten Sphären berechnete, entsprachen sie natürlich den in seinen Tagen zugänglichen Beobachtungsergebnissen. Das ist etwa das gleiche, als würden Sie Ihre Armbanduhr nach der Atomzeit der Cäsiumuhr in der Physikalisch-Technischen Bundesanstalt stellen. Wenn Sie diese Abstimmung mit größter Genauigkeit durchführen, wird alles eine Zeitlang perfekt funktionieren, ob es sich nun um das Universum oder Ihre Armbanduhr handelt. Doch im Laufe der Zeit wird Sie jede kleine Unvollkommenheit in Ihrer Uhr aus der Übereinstimmung mit der korrekten Zeit bringen, und je länger Sie warten, desto deutlicher wird die Diskrepanz werden. Das gleiche geschah mit dem räderwerkartigen Universum des Ptolemäus. Im Spätmittelalter zeigte die alte Uhr ihre Mängel allzu deutlich. So berechneten Astronomen beispielsweise die Position eines Planeten und stellten mehrfach fest, daß er sich dort gar nicht befand. Manche versuchten, die Sphären ein wenig zurechtzurücken, doch war der Respekt vor der alten Lehre so groß, daß niemand ernsthaft an eine gründliche Generalüberholung des Systems dachte.

Es gab eine Ausnahme: den abseits vom Weltgeschehen lebenden Geistlichen Nikolaus Kopernikus, Domherr zu Frauenburg. Die Probleme des Ptolemäischen Systems, die Theorie mit den Beobachtungsergebnissen in Einklang zu bringen, kümmerten ihn nicht. Eigentlich war Kopernikus gar kein richtiger Astronom. Statt in die Sterne zu gucken, verbrachte er seine freie Zeit mit mathematischen Studien und Berechnungen. Er wollte herausfinden, ob man wohl ein Universum konstruieren könnte, das so gut wie das Ptolemäische funktionierte, in dem sich jedoch die Erde um die Sonne drehte und nicht umgekehrt.

Wie sich zeigte, lautete die Antwort auf diese Frage ja, aber nur deshalb, weil das Ptolemäische System mit den Beobachtungsdaten

Kopernikus: Die Erde kreist um die Sonne   27

schlecht in Übereinstimmung zu bringen war. Die Ehre, die Kopernikus aus heutiger Sicht zukommt, liegt nicht darin begründet, daß er die moderne Auffassung vom Sonnensystem hervorgebracht hat (was nicht stimmt) oder sein System einfacher war als das Ptolemäische (das war es nicht), sondern daß er als der erste Mann der Moderne den Mut hatte, das Undenkbare zu denken. Er war kühn und hartnäckig genug, um seine Ideen über den Bereich philosophischer Spekulation hinauszutragen. Er war es, der darauf hinwies, daß des Kaisers neue Kleider eine bloße Chimäre sein könnten, so daß nach ihm schließlich jeder den Geozentrismus als eine bloße Annahme betrachtete, die wie jede andere in Frage gestellt werden konnte.

Sobald diese Auffassung – daß die Erde nicht der Mittelpunkt des Universums ist – sich erst einmal durchgesetzt hatte, mußte das mittelalterliche Modell des geschlossenen Kosmos weichen. Um die Planetenbewegungen zu erklären, war es erforderlich, die Sonne in den Mittelpunkt zu rücken und sich die Erde in einer Umlaufbahn um sie kreisend vorzustellen. Und um diesen Befund mit der Tatsache zu vereinbaren, daß keine Parallaxe festzustellen war, bedurfte es der Annahme, daß die Sterne und Planeten viel weiter entfernt seien, als dies irgend jemand zuvor vermutet hatte.

Beachten Sie bitte, wie dieses Argument funktioniert. Sie haben die Parallaxe kennengelernt, indem Sie ein Objekt über den ausgestreckten Zeigefinger erst mit dem einen, dann mit dem anderen Auge angepeilt haben. Versuchen Sie einmal das gleiche mit zwei weit entfernten Objekten, beispielsweise einem Hügel und einer Wolke. Sie werden sofort folgendes feststellen: Obwohl Sie durch abwechselndes Schließen der Augen Hügel und Wolke dazu bringen, sich in bezug auf nahe Objekte zu bewegen, zeigen sie untereinander nicht dieses Verhalten einer sichtbaren Veränderung der Bedeckungsverhältnisse (Abbildung 4, links).

Der Grund für das Ausbleiben der Parallaxe liegt darin, daß die Winkeldifferenz zwischen den beiden Sichtlinien zu klein ist, um vom Auge bemerkt zu werden. Für das Auge sind sie praktisch parallel. Es ist egal, welche der beiden Linien Sie bevorzugen, das Ergebnis ist immer das gleiche – die Objekte bewegen sich nicht in bezug aufeinander. Genauso kann man ohne das moderne Meßinstrumentarium keine Parallaxe bei Sternen erkennen, natürlich unter der Voraussetzung, sie sind weit genug von der Erde entfernt (Abbildung 4, rechts). Deshalb ist für die Gültigkeit des Kopernikanischen Universums die sehr weite Entfernung der Sterne von der Erde erforderlich. Wollen wir das Ptolemäische System gegen ein besseres Modell des Sonnensystems eintauschen – eines, in dem die Uhr genauer geht –, müssen wir auch die behagliche Begrenztheit aufgeben, die der Kosmos des Mittelalters bot, und uns der Tatsache stellen, daß wir in einem Universum von unbegrenzter Ausdehnung leben, wie es Archytas mit seinem Speerwerfer veranschaulichte.

Abb. 4

Sonne

Archytas war nicht der einzige, der jemals die Möglichkeit eines unendlichen Universums in Erwägung zog. Im fünfzehnten Jahrhundert vertrat Kardinal Nikolaus von Kues in seinem Buch «De docta ignorantia» («Von der wissenden Unwissenheit») die Ansicht, ein Mensch, wo er sich auch befinden mag, sehe sich selbst immer im Mittelpunkt stehen. Deshalb «wird der Weltbau gleichsam überall seinen Mittelpunkt und nirgendwo seinen Umfang haben». Diese erstaunliche Vorwegnahme der modernen Auffassung vom Universum wurde von den Gelehrten zum größten Teil ignoriert. So war kaum jemand auf den Schock vorbereitet, als Kopernikus den Horizont des Universums ausdehnte.

Nachdem sich jedoch der aufgewirbelte Staub wieder gelegt hatte, war etwas daraus hervorgegangen, das unserem heutigen Bild vom Universum ziemlich nahe kam. Die Menschheit wähnte sich nicht länger am Nabel der Welt. Nun hatte sich ihr Lebensraum als kugelförmiger Felsbrocken entpuppt, der gemeinsam mit den anderen fünf damals bekannten Planeten die Sonne umkreist, und jenseits der Umlaufbahn des Saturn schwimmen in unvorstellbarer Ferne die Sterne im leeren Raum. Der Himmel hatte als ein die gesamte Schöpfung umspannendes Dach ausgedient, und sein Leuchten war auch nicht mehr ganz so tröstlich wie zuvor.

Allerdings wurden wir für diesen Verlust entschädigt. Der Himmel war zwar kein Dach mehr, doch er eröffnete wenigstens einen Weg, bildete eine Herausforderung, die es anzunehmen galt. Wenn wir uns schon eingestehen müssen, daß wir nicht den Mittelpunkt des Universums bilden, können wir zumindest Trost in der Fähigkeit finden, uns direkt und ohne mit der Wimper zu zucken dieser Tatsache zu stellen, um anschließend unserem ausgedehnten Universum die tiefsten Geheimnisse abzuringen. Und wenn wir das geschafft haben, werden wir womöglich zu der Einschätzung gelangen, daß der Preis dafür nicht zu hoch war.

Ein paar persönliche Bemerkungen

Der Wandel unseres Weltbildes – von einem vom göttlichen Geist durchwalteten Kosmos, in dem wir uns geborgen fühlten, zum mechanistischen Universum der modernen Wissenschaft – hat, seitdem er sich abzeichnet, keineswegs immer ungeteilten Anklang gefunden. Die Opposition etwa, die sich in den diesem Kapitel vorangestellten Zeilen Walt Whitmans manifestiert, läßt an Deutlichkeit nichts zu wünschen übrig. Die schon erwähnte Gegenkultur, die sich in den sechziger Jahren ausbreitete, ist lediglich jüngster Ausdruck dieser Sehweise. Wer an einer Universität lehrt, kann die Tatsache schwer leugnen, daß viele – selbst sehr gebildete – Menschen völlig mit dem von Whitman ausgesprochenen Gefühl übereinstimmen. Es ist ein weit verbreiteter, obwohl selten formulierter Glaube, man zerstöre die Schönheit einer Sache, sobald man sie analysiere. «Wir töten, um zu sezieren», schreibt Wordsworth. Bevor ich detaillierter auf das Universum eingehe, wie es sich uns heute darstellt, halte ich dagegen, daß auch dieses Modell eine ästhetische Wertschätzung verdient, so wie Whitman sie seiner Sternennacht erwies.

In einer Hinsicht ist Whitmans Argument nicht vertretbar: daß nämlich die direkte Sinneserfahrung immer bedeutsamer sei als die Analyse. Das Raumfahrtprogramm legt aus diesem Grund einen so großen Wert auf Fotografien der zu erforschenden Objekte, auch wenn die Bilder sie in falschen Farben wiedergeben. Das ist aber nicht das gleiche wie die Behauptung, wir müßten die Dinge unmittelbar mit eigenen Augen betrachten, um sie schätzen zu können. Wir können uns über Fotos vom Himalaja freuen und ästhetisches Vergnügen daran finden, auch wenn wir nie nach Katmandu reisen.

Überlegen Sie sich einmal: Wenn Sie nach draußen gehen und «den Blick still heben nach den Sternen», werden Sie höchstens zweieinhalbtausend Sterne sehen und den einen oder anderen Planeten. Ich gebe zu, das ist eindrucksvoll genug, doch ist es nur die Spitze des Eisbergs im Verhältnis zu dem, was es alles in den Weiten des Universums gibt. Allein die Milchstraße enthält über hundert Milliarden Sterne – und sie ist nur eine unter Milliarden Galaxien. Beschränken wir unser Wissen über das Universum auf das direkt Wahrnehmbare, bringen wir uns um einen immensen Reichtum und akzeptieren ein Universum, das unendlich viel ärmer ist, als es sein könnte. Es ist wunderbar, einen sternenübersäten Himmel zu betrachten. Aber auch ein Infrarotbild unserer Galaxis ist schön oder ein Foto der Saturnringe, aufgenommen von der Weltraumsonde *Voyager*, und genauso das Computerbild eines Galaxienhaufens, der sich, in unvorstellbarer Entfernung von uns, über den Himmel ausbreitet. In der modernen Astronomie ist genügend Platz sowohl für den Technologen als auch für den Poeten.

Doch scheiterten die Wissenschaftskritiker noch in einem viel umfassenderen Sinne daran, zu begreifen, was mit dem modernen Bild vom Universum vorgeht. Es stimmt zwar, daß wir ein Weltall von menschlichen Ausmaßen gegen ein unvorstellbar viel größeres und komplexeres eingetauscht haben. Nur: Ist es nicht von großer Bedeutung, in einem Universum zu leben, das sowohl unseren Intellekt als auch unsere Gefühle zu befriedigen vermag? Ist es nicht von Bedeutung, daß wir – wie groß und komplex das All auch erscheinen mag – es immer noch verstehen und die elementare Ordnung entdecken können, die der Komplexität zugrunde liegt? Es stimmt zwar: Wir haben einen Kosmos, in dem Menschen glaubten, die Götter durch Rituale und Zeremonien beeinflussen zu können, gegen ein Universum eingetauscht, in dem wir die Natur beeinflussen, weil wir ihre elementaren Gesetze verstehen. Aber würden Sie bei einer akuten Blinddarmentzündung wirklich einen Schamanen einem Chirurgen vorziehen? Es stimmt: Wir haben einen Kosmos, in dem sich Gott in die menschlichen Angelegenheiten einmischte, durch ein Universum ersetzt, in dem seine Rolle darin besteht, die Naturgesetze zu ersinnen und dann die Dinge ihrer Entfaltung zu überlassen, ohne daß es seines weiteren Einschreitens bedarf. Aber wäre Ihnen nicht gerade ein Gott lieber, der sich vor allem durch das Wissen auszeichnet, wie sich alles auf richtige Weise ineinanderfügt? Für mich jedenfalls ist ein von den unausweichlichen, kristallklaren Wahrheiten der physikalischen Gesetze beherrschtes Universum genauso schön wie jeder jemals vom menschlichen Verstand erdachte Kosmos. Ich würde das moderne Universum gegen nichts, was ihm voranging, eintauschen wollen.

Zwei

Die Entdeckung der Galaxien

«Kein Stern ist mehr am Firmament», sprach der brave Maat.
«Sagt, tapf'rer Admiral, was soll gescheh'n?
Es ist wohl Zeit, die Hilfe Gottes zu erfleh'n.» –
«Wozu? Wir segeln weiter, setzen fort die kühne Fahrt.»

JOAQUIN MILLER
«Columbus»

Als die Sonne erst einmal aus dem Mittelpunkt des Universums gerückt war und sich dessen Grenzen dadurch erweiterten, begannen die Menschen, Vermutungen über den Aufbau des Universums anzustellen. Die Astronomen des achtzehnten und neunzehnten Jahrhunderts ähnelten den Entdeckern eines neuen Kontinents, der erforscht und kartographiert werden mußte. Je stärker und empfindlicher die Teleskope wurden, desto mehr häuften sich die großen Entdeckungen. Im Laufe der Zeit führte die Erkundung des Universums zu zwei zentralen Fragen: 1. Wie groß ist die Milchstraße? 2. Gibt es noch andere «Welteninseln», sprich Galaxien, im All?

Mit jeder neuen Entdeckung veränderten sich die Vorstellungen von der Ausdehnung des Universums. Immer wieder sahen sich die Astronomen mit einem Weltall konfrontiert, das größer war, als sie es sich jemals hatten vorstellen können. Das Vorankommen des antiken Speerwerfers hängt offenbar von unserer Fähigkeit ab, die beiden oben gestellten Fragen zu beantworten.

Wenn Sie in einer klaren Sommernacht ins Freie treten und zum Himmel hinaufschauen, können Sie die Milchstraße sehen. Milliar-

Die Milchstraße – unsere Galaxis

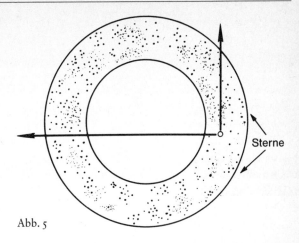

Abb. 5

den von Sternen (die meisten sind mit bloßem Auge nicht zu erkennen) bilden einen feingesponnenen Weg durch die Dunkelheit. Die Milchstraße, das hervorstechendste Phänomen am Nachthimmel, liefert den ersten Hinweis auf die Struktur des Universums außerhalb des Sonnensystems.

Der englische Naturphilosoph Thomas Wright gilt als Pionier, dessen Überlegungen zu ersten brauchbaren Anhaltspunkten hinsichtlich der Struktur (wenn nicht gar der Größe) unserer Galaxis führten, die wir heute Milchstraße nennen. Sein Werk, um 1750 geschrieben, hat einen mystischen, geradezu mittelalterlichen Duktus. Da das Universum, so Wright, das Werk Gottes sei, gleiche dessen Studium dem der Theologie. Sein Argument: Gott hat ein vollkommenes Universum geschaffen; deshalb muß es aus Sphären konstruiert sein. Die Astronomen in der Nachfolge Newtons hatten berechnet, daß sich die Planeten in elliptischen Umlaufbahnen bewegten. Seitdem hatte der Kreis in den Modellen des Sonnensystems keinen Platz mehr gefunden. Nun unternahm Wright einen kühnen Versuch, ihn wieder, von einem größeren Maßstab ausgehend, in das Universum einzuführen.

34 Die Entdeckung der Galaxien

Wrights Universum ist in Abbildung 5 skizziert. Die Sterne befinden sich in einem Raum zwischen zwei konzentrischen Sphären, der inneren und der äußeren, die sternenleer sind. Die Menschen auf der Erde befinden sich in der Sternenwelt, also irgendwo zwischen den beiden Sphären. Schauen wir in eine Richtung, die tangential zur inneren Sphäre verläuft, werden viele Sterne unsere Sichtlinie kreuzen. Blicken wir jedoch nach außen oder, am Radius entlang, nach innen, sehen wir nur sehr wenige. Laut Wright erklärt diese Anordnung die Existenz der Milchstraße. Wenn Sie sich dieses Bild räumlich vorstellen, erkennen Sie, daß die sternreiche Zone ein Band am Himmel bilden muß, genauso, wie sich uns die Milchstraße darbietet. Die Richtung senkrecht auf dem Himmelsband kennzeichnet dann die Richtung zum Mittelpunkt des Universums.

In diesem Gedankengang steckt eine Behauptung über die Größe des Universums – der Radius beziehungsweise Durchmesser der inneren Sphäre muß nämlich so groß sein, daß wir keine Sterne in dichter Konzentration auf der gegenüberliegenden Seite sehen können, wenn wir nach innen, in Richtung auf die Sphäre, schauen. Außerdem muß der Radius so groß sein, daß wir beim Blick entlang der Tangente die Krümmung nicht sehen und die Milchstraße mehr oder weniger als Großkreis am Himmel erscheint.

Ich glaube, Wright verfolgte diesen Punkt nie in der Absicht, die Größe des Universums zu schätzen, denn er betrachtete die Wissenschaft eher als Quelle moralischer Lehren denn als Mittel zur Erlangung wissenschaftlicher Erkenntnis. 1966 kamen ein paar seiner unveröffentlichten Manuskripte zum Vorschein. In einem dieser Aufsätze, «Einzelne Gedanken über die Theorie des Universums», schlägt er ein noch stärker theologisch fundiertes Modell vor, in dem sich die Sonne im Zentrum einer sternenübersäten Sphäre befindet. In Analogie zu irdischen Ereignissen, etwa zum Erdbeben von Lissabon, deutet Wright die Milchstraße als eine Art himmlischen Lavaflusses innerhalb der Sphäre. Sein Ziel scheint ein System gewesen zu sein, in dem die Ordnung des physikalischen Weltalls der des moralischen Universums genau entsprach.

Schwer zu sagen, ob diese Vorstellungen ein Rückgriff auf frühere Denkweisen bedeuteten oder ob Wright ein Vorläufer der modernen Wissenschaft war. Die Sozialdarwinisten des späten neunzehnten Jahrhunderts versuchten, Analogien zwischen der biologischen Ordnung der Natur und der gesellschaftlichen Ordnung der Menschheit herzustellen. Marxisten tun das gleiche. Auch in unserer heutigen, angeblich aufgeklärteren Zeit ist diese Tendenz zum voreiligen Analogschluß weiterhin erkennbar. Ich erinnere mich an eine Abhandlung, worin der Standpunkt vertreten wurde, die Gesetze der Quantenmechanik bewiesen, daß ein bestimmtes, in den späten siebziger Jahren populäres politisches Programm radikaler Feministinnen die einzige politische Struktur entwerfe, die mit der Natur übereinstimme.

Aber jene, die den Auffassungen Wrights folgten, erkannten bald, daß die Form des Universums nichts mit der Morallehre der anglikanischen Kirche zu tun hat, und so wie wir heute wissen, daß unsere moralische Pflicht, uns um die vom Schicksal weniger Begünstigten zu kümmern, in keinerlei Abhängigkeit zu der Frage steht, ob die Natur gemäß dem Gesetz vom Überleben des Stärkeren verfährt oder nicht, werden hoffentlich unsere Nachkommen am Ende einsehen, daß die Naturgesetze wertfrei sind und keine wie auch immer gearteten Lektionen darüber enthalten, wie wir unsere Gesellschaft organisieren oder unser Leben einrichten sollten. Bei Entscheidungen solcher Art sind wir allein auf uns selbst angewiesen.

Nicht viele Wissenschaftler folgten Wright bei seiner Suche nach einer moralischen Ordnung des Universums. Den ersten modernen Versuch, die Milchstraße zu erforschen, unternahm Friedrich Wilhelm Herschel. Er wurde 1738 in Hannover geboren und begann seine berufliche Laufbahn als Oboist in einem Militärorchester, wanderte nach England aus und wurde ein erfolgreicher Musiker und Instrumentenbauer. Nebenbei komponierte er sogar ein wenig. Zwar liegt hierin nicht sein Hauptruhm begründet, dennoch konnte man auf einer Ausstellung alter astronomischer Instrumente im Adler Planetarium, Chicago, ein Bild sehen, auf dem Herschel in den Himmel blickt, während im Hintergrund eines seiner Cembalostücke erklang.* Schließlich entschloß sich Herschel, sein Steckenpferd, die Astronomie, trotz der damit verbundenen finanziellen Einbußen zum Beruf zu machen.

Herschels Idee war, den Himmel zu vermessen, indem er das Teleskop jeweils in eine bestimmte Richtung hielt und die Sterne zählte, die er sah. Da er annahm, sie seien mehr oder weniger gleichmäßig im Raum verteilt, ging er von folgender Überlegung aus: Wenn sich das Universum (die Galaxis, wie wir sagen würden) in der Richtung, in die er schaute, sehr weit erstreckt, würde er auf eine große Zahl von Sternen treffen. Blickte er in Richtung Rand, sähe er nicht so viele. Die Schlußfolgerung seiner Beobachtungen lautete, das Universum sei – ähnlich wie eine breitgedrückte Amöbe – flach und unregelmäßig geformt. Eine Skizze von Herschels Milchstraße wird in Abbildung 6 gezeigt.

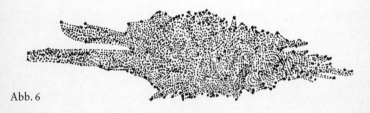

Abb. 6

Während diese Sternenvermessung voranschritt, machte man viele neue Entdeckungen. Dabei ging es um ein paar recht geheimnisvolle Objekte am Himmel, die man Nebel nennt. Wenn die Sichtverhältnisse günstig sind, kann man manche dieser Objekte mit bloßem Auge erkennen. Arabischen Astronomen waren sie bereits im achten Jahrhundert ein Begriff. Sie können einen solchen Nebel ohne weiteres sehen, wenn Sie das Sternbild Andromeda betrachten, das hoch oben am Herbst- und Winterhimmel steht. Sie erblik-

---

* Die Musik erinnerte mich an Kompositionen von Händel.

ken dort einen verschwommenen Lichtfleck, der für einen Stern zu groß ist, aber nicht sehr hell oder außergewöhnlich leuchtet. Als einige dieser Nebel mit dem Teleskop untersucht wurden, stellte sich heraus, daß sich in vielen von ihnen einzelne Sterne unterscheiden ließen (übrigens im Andromedanebel nicht so leicht), die man vor einem leuchtenden, wolkigen Hintergrund erkennen konnte. Es war Immanuel Kant, der 1755 zuerst die These vortrug, die Nebel könnten weitere «Weltgebäude» wie unser eigenes sein – später sprach man von «Welteninseln». Da keine Mittel zur Hand waren, diese Gebilde genauer zu untersuchen, blieb die Frage nach dem Wesen der Nebel jedoch zunächst eher der philosophischen als einer wissenschaftlichen Erörterung vorbehalten.

1845 ließ William Parsons, Earl of Rosse, in England ein Teleskop bauen, dessen wichtigster Bestandteil ein Spiegel mit dem bis dahin unvorstellbaren Durchmesser von 1,80 Meter war. Mit diesem leistungsfähigen Instrument entdeckte Parsons, daß viele Nebel spiralförmig waren. Obwohl er seine Forschungen zu einer Zeit betrieb, als Astronomen noch keine Fotografien machten, erinnern seine Nebelskizzen an moderne Aufnahmen von Galaxien; die flachen Scheiben mit den Spiralarmen sind deutlich zu erkennen. Und weil einige Nebel die der Milchstraße zugeschriebene abgeflachte Form hatten, ließ Parsons' Arbeit das Interesse an der alten Hypothese, daß es sich um «Welteninseln» handle, wieder aufflammen.

Der Streit über die Struktur der Nebel setzte sich in der zweiten Hälfte des neunzehnten Jahrhunderts fort und dauerte ein gutes Stück bis in unser Jahrhundert hinein an. Manche Nebel wiesen eine Spiralstruktur auf, während andere wirbelnde Gaswolken zu sein schienen, in denen sich lediglich ein paar unregelmäßig verteilte Sterne befanden. Wenn die Nebel tatsächlich weit entfernte Welteninseln und wie unsere eigene Milchstraße aufgebaut sind, warum sind dann einige von ihnen allem Anschein nach Gaswolken? Wenn aber andererseits die Nebel sich alle innerhalb der Milchstraße befinden, warum ähneln dann die spiralförmigen so sehr einer großen Ansammlung von Sternen?

38 Die Entdeckung der Galaxien

Diese Debatte in der Astronomie tobte mehr als sechzig Jahre lang – beschäftigte also zwei Generationen von Wissenschaftlern – und wurde, wie wir noch sehen werden, erst in den zwanziger Jahren beendet. Die endgültige Antwort auf die Frage nach der Beschaffenheit dieser Nebel lautet: «Sowohl als auch.» Es gibt Nebel, die zur Milchstraße gehören – Gaswolken, mit wenigen Sternen durchsetzt –, und es gibt andere, die Galaxien wie unsere eigene sind. Die Lösung des Rätsels «Wie sind sie beschaffen?» kann nicht auf eine einzige Formel gebracht werden – es existieren ähnlich aussehende nebelartige Gebilde *beider* Arten, innerhalb und außerhalb unserer Galaxis.

Dies ist aus mehreren Gründen ein wichtiges Stück Geschichte. An späterer Stelle werden wir über eine ähnliche Frage nachdenken: «Was ist Dunkle Materie?» Bis vor kurzem ähnelten Astrophysiker, die sich dieser Frage widmeten, ein wenig ihren Vorgängern – sie näherten sich ihr in der Annahme, es gäbe nur eine einzige Art Dunkler Materie, und suchten nach etwas, das all das tun würde, was Dunkle Materie tun «müßte». Glücklicherweise waren meine Kollegen flexibel genug, sich der «Sowohl als auch»-Möglichkeit zuzuwenden, als sie sich auf ihrer Suche in Probleme verstrickten.

Die lange Debatte über die Identität der Nebel veranschaulicht erneut, wie einfach und natürlich es ist, intellektuelle Scheuklappen zu tragen. Es ist eine zutiefst demütigende Erfahrung, die Vorträge aus jener Zeit des Streites über die Beschaffenheit der Nebel zu lesen. Da zerbrachen sich zwei Generationen der besten Wissenschaftler die Köpfe über ein Problem, nahmen Messungen vor, fochten gegeneinander – und nicht einer von ihnen (zumindest habe ich keinen finden können) machte den Vorschlag, der so offensichtlich die Lösung darzustellen scheint. Eines geht aus diesen Dokumenten deutlich hervor: Es handelte sich um hervorragende Wissenschaftler mit hochentwickelten geistigen Fähigkeiten, weitaus begabter als ich und die meisten meiner Freunde. Wie konnten sie nur so lange etwas derart Offensichtliches übersehen?

Wie auch immer man diese Frage beantworten will – klar ist auf jeden Fall, daß es dennoch eine äußerst wichtige Debatte war, ging es doch in ihr um nichts Geringeres als die Größe und Struktur des Universums. Außerdem veranschaulicht sie die enge Verbindung zwischen der Qualität der zur Verfügung stehenden Instrumente und dem wissenschaftlichen Fortschritt in der Beantwortung wichtiger Fragen. Wie wir noch sehen werden, war es nicht geistiger Brillanz zu verdanken, daß die Nebelfrage schließlich gelöst wurde, sondern dem Einsatz eines Spiegelteleskops mit 2,50 Meter Spiegeldurchmesser auf dem Mount Wilson in Kalifornien.

Der Zusammenhang zwischen technischer Entwicklung und dem Fortschreiten wissenschaftlicher Erkenntnis ist entscheidend. Denn um zu beweisen, daß sich ein bestimmter Nebel innerhalb (oder außerhalb) der Milchstraße befindet, muß man zwei Dinge herausfinden: wie weit der Nebel entfernt und wie groß die Milchstraße ist. Somit führt die Frage nach der Beschaffenheit der Nebel zu einem heiklen Problem: der Vermessung. Wie kann man die Größe unserer Galaxis und die Entfernung zu Sternen feststellen?

Die Bestimmung von Entfernungen in der Astronomie ist eines jener Themen, die Praktiker lieber nicht diskutieren, wenn sie sich in feiner Gesellschaft befinden. Es gibt auf diesem Gebiet zu viele unsaubere Heimlichkeiten, die unter diverse Teppiche gekehrt werden. Man kann nicht einfach eine Art Lineal benutzen, als wolle man die Länge eines Tisches messen, wo man an einer Kante beginnt, das Ende des Lineals markiert, es erneut anlegt und damit so lange fortfährt, bis man zur gegenüberliegenden Kante gelangt. In der Astronomie sind die «Lineale» für nahe Sterne nicht auf weiter entfernte Sterne anwendbar. Deshalb muß eine Entfernungsskala eingerichtet werden, die auf der Verwendung verschiedener Lineale oder Entfernungsmaßstäbe beruht. Man benutzt also ein erstes Lineal für den relativ nahen Bereich, bis man zu den Grenzen seiner Anwendungsmöglichkeiten gelangt; dann braucht man das nächste Lineal, das mit dem ersten einen Bereich haben muß, in dem sie überlappen (um sie aneinander kalibrieren zu können), und benutzt daraufhin das neue Lineal so weit, wie es funktioniert. Danach muß man wiederum auf einen neuen Entfernungsmaßstab umsteigen und diesen an den bisherigen eichen, um noch weiter gehen zu können, und so fort. Diese Methode funktioniert zwar in der Praxis, doch macht die Messung großer Entfernungen auf diese Weise einen recht behelfsmäßigen Eindruck.

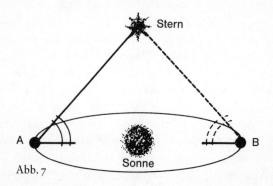

Abb. 7

Gegen Ende des neunzehnten Jahrhunderts wurden zwei Maßstäbe verwendet, um die Entfernungen zu Sternen zu bestimmen. Der einfachste verwendet die Triangulation (Abbildung 7). Wird der Winkel zu einem Stern relativ zu weit entfernten Hintergrundsternen zunächst aus Position A der Erde und sechs Monate später noch einmal von Position B aus gemessen, können wir, ausgehend von dem uns bekannten Durchmesser der Erdumlaufbahn, mittels einfacher Berechnungen die Entfernung zu dem Stern feststellen. Zwar ist diese Methode einfach, doch hängt ihr Erfolg wesentlich von unserer Fähigkeit ab, kleine Winkelunterschiede zu messen. Ist die Entfernung zu einem Stern im Verhältnis zum Durchmesser der Erdumlaufbahn sehr groß, sind die von den beiden Positionen aus gemessenen Winkel so ähnlich, daß wir sie nicht mehr voneinander unterscheiden können. Mit der Triangulation lassen sich Entfernungen bis zu etwa 150 Lichtjahren bestimmen – ein winziger Bruchteil des Durchmessers unserer Galaxis. Im neunzehnten Jahr-

Problem: das Messen von Entfernungen   41

hundert, mit weitaus kleineren als den heute verfügbaren Teleskopen, reichte das «Triangulationslineal» nicht einmal für solche Weiten aus, und es eignete sich natürlich erst recht nicht dazu, Entfernungen bis zum Rand der Milchstraße zu messen.

Der zweite Maßstab – ich werde ihn nicht im Detail erklären – erfordert den Einsatz von etwas komplizierterer Geometrie und setzt Messungen der scheinbaren Sternbewegungen – also der Bewegung vor dem Himmelshintergrund – voraus. Mit Hilfe dieser Techniken haben Astronomen einen Maßstab für Entfernungsmessungen bis zu mehreren hundert Lichtjahren entwickelt. Auch dieser Maßstab stand im späten neunzehnten Jahrhundert zur Verfügung, doch trug er aufgrund seiner geringen Reichweite ebenfalls wenig dazu bei, die Größe der Milchstraße abzuschätzen.

Diese Situation änderte sich im Jahre 1908, als Henrietta Swan Leavitt vom Harvard Observatorium eine wichtige Entdeckung machte, die sich auf einen Typ von Sternen bezog, den Astronomen δ-Cepheiden nennen.* Wenn man diese Sterne ein paar Wochen bis zu einigen Monaten beobachtet, zeigen sie eine regelmäßige Veränderung ihrer Helligkeit: sie leuchten auf, verblassen, leuchten erneut auf. Leavitt stellte fest: Je heller der Stern ist, um so länger dauern die Perioden der Pulsation. Wenn wir also einen solchen Stern eine Zeitlang beobachten, können wir die Pulsationsdauer bestimmen und feststellen, wie hell er ist (oder – was das gleiche ist – wieviel Energie er in den Raum abgibt). Wenn man diese Zahl mit der Lichtmenge vergleicht, die wir tatsächlich von dem Stern empfangen, kann man daraus schließen, wie weit er entfernt ist. Dieser dritte Maßstab gestattete den Astronomen endlich, Entfernungen von mehr als hundert Millionen Lichtjahren – und damit über die Milchstraße hinaus – zu messen. Wie wir noch sehen werden, führte er schließlich zur Lösung des Nebelproblems.

* Der Name «Delta-Cepheiden» ergibt sich aus der Tatsache, daß man zum ersten Mal auf einen solchen Stern im Sternbild Cepheus stieß, das nach einem König aus dem Sagenzyklus um Perseus benannt ist.

42   Die Entdeckung der Galaxien

Auch wenn man im frühen zwanzigsten Jahrhundert nicht mehr die Erde für den Mittelpunkt des Universums hielt, so glaubte man doch daran, daß sich die Sonne im Zentrum der Milchstraße oder zumindest in seiner Nähe befände. Diese Überzeugung wirft ein interessantes Schlaglicht auf die Lage der Astronomie in jener Zeit. Es handelte sich ja nicht um eine stillschweigende Voraussetzung wie etwa Ptolemäus' Ansicht über die Stellung der Erde. Vielmehr basierte dieser Glaube auf Daten, die zu jener Zeit verfügbar waren. Ich finde dieses kleine Faktum bemerkenswert. Es zeigt, daß wir – sobald Daten falsch interpretiert werden können – sofort die Gelegenheit beim Schopfe packen, unser Heimatsystem allem anderen gegenüber zentraler erscheinen zu lassen, als es ist. Ich frage mich, ob der Enthusiasmus, mit dem nach außerirdischen Zivilisationen gefahndet wird, die unserer eigenen ähneln, nicht auch ein wenig von der gleichen Neigung angetrieben wird.

Der Mann, der schließlich annäherungsweise die Größe bestimmte, die wir heute der Milchstraße zuschreiben, war der amerikanische Astronom Harlow Shapley. Er wurde in Missouri geboren und begann seine Karriere als Kriminalreporter für eine Kleinstadtzeitung in Kansas. Anscheinend langweilten ihn die Berichte über Schlägereien betrunkener Cowboys und Arbeiter von den Ölfeldern, so daß er beschloß, aufs College zu gehen. Die Geschichte, wie er sich dafür entschied, Astronomie an der Universität von Missouri zu studieren, ist – gelinde gesagt – ungewöhnlich: «Ich schlug das Vorlesungsverzeichnis auf… der erste angebotene Kurs hieß A-r-c-h-ä-o-l-o-g-i-e. Das konnte ich nicht aussprechen! Ich blätterte eine Seite weiter und sah A-s-t-r-o-n-o-m-i-e. Das konnte ich aussprechen, und deshalb bin ich hier.»

Was Shapley entdeckte, geht aus Abbildung 8 hervor. Heute wissen wir, daß die Galaxie namens Milchstraße eine komplexe Struktur ist. Die vertraute abgeflachte Spiralscheibe ist zusätzlich von einer sphärischen Anordnung sogenannter Kugelsternhaufen umgeben. Mit Hilfe der Teleskope, die Shapley und seinen Kollegen zur Verfügung standen, waren diese Haufen, die jeweils Millionen

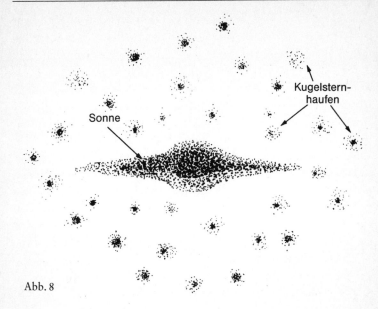

Abb. 8

von Sternen enthalten (auch δ-Cephei-Variable sind darunter), leicht zu entdecken und in einzelne Sterne aufzulösen. Nachdem man viele Kugelsternhaufen entdeckt hatte und sich ansah, wie sie über den Himmel verteilt waren, fand man heraus, daß sie sich zu einer Himmelshalbkugel hin konzentrierten. Shapleys These: In Wirklichkeit seien diese Haufen gleichmäßig um die Milchstraße herum verteilt. Deshalb gebe es nur einen einzigen Weg, die Beobachtungen zu erklären: Erstens müsse die Galaxis viel größer sein als zuvor angenommen, und zweitens könne die Sonne auf keinen Fall den Mittelpunkt bilden.

Mit Shapley nähern wir uns der modernen Auffassung von unserer Galaxis. Sie ist eine abgeflachte Scheibe mit einem Durchmesser von rund 100 000 Lichtjahren*. Unser Sonnensystem liegt in einem Vorort mit niedrigen Mietpreisen, auf einem Drittel des Weges zum

---

* Shapleys ursprüngliche Schätzungen lagen etwas höher.

44 Die Entdeckung der Galaxien

Rand. Shapley, könnte man sagen, kommt in der Entwicklung der galaktischen Astronomie die gleiche Bedeutung zu wie Kopernikus in der Entwicklung unseres Modells vom Sonnensystem. Nun hatte die Erde jegliche Option verloren, doch noch eine zentralere Rolle zu spielen, und so wurde die letzte Spur des Geozentrismus aus der Wissenschaft getilgt. Zugleich zeigte sich das Universum in einer Ausdehnung, die Forschern wie Herschel, die als erste die Sternenwelt zu kartographieren versuchten, unglaublich erschienen wäre.

Natürlich meldeten sich Kritiker zu Wort, die die Schlußfolgerungen Shapleys bestritten. Sie hielten die Spiralnebel für Galaxien wie die unsere. Wenn die Milchstraße tatsächlich so groß wäre, wie von Shapley angenommen, argumentierten sie, wäre die Chance gering, daß die Nebel jenseits ihrer Grenzen lägen. Verstärkt wurde dieses Gefühl durch die Entdeckung heller neu auftauchender Sterne in einigen der Spiralen. Man nannte sie Novae. Diese Sterne leuchteten so stark, daß sie nicht weit entfernt zu sein schienen. Heute wissen wir, es sind Supernovae, Explosionen riesiger Sterne. Auch ist uns inzwischen bekannt, daß eine Supernova für kurze Zeit heller als eine ganze Galaxie leuchten kann. In den zwanziger Jahren, als man die Energieerzeugungsprozesse in Sternen noch nicht ausreichend verstand, hätte man dieser Erklärung kaum Glauben geschenkt. Die Zeit schien gegen die Theorie von den «Welteninseln» zu sein. Man glaubte, das Universum bestehe aus einer einzigen Galaxis – unserer Milchstraße – und nicht etwa aus vielen.

Die Lage war derart verworren, daß Shapley und Heber Curtis, einer der Hauptverfechter der Welteninseln-Hypothese, sich im April 1920 am Smithsonian Institute einen Disput über die Struktur des Universums lieferten, der von Astronomen als Pendant zu den berühmten Huxley-Wilberforce-Debatten über die Stichhaltigkeit der Evolutionstheorie betrachtet wird. Shapley präsentierte seinen Beweis für die Größe der Milchstraße, und Curtis brachte seine Argumente für die Existenz anderer, der unsrigen ähnlicher Galaxien vor. Einen «Sieger» gab es nicht in diesem Wortgefecht, und das

1923: Die Milchstraße ist eine von vielen Galaxien 45

lag vor allem daran, daß die beiden Männer verschiedene Themen diskutierten. Jeder hatte in seinem eigenen Bereich recht. Die Milchstraße ist tatsächlich sehr groß, wie Shapley behauptete, doch die Spiralnebel sind andere Galaxien, und die Entfernungen zu ihnen sind noch viel größer.

1923 wurde die Frage nach dem Wesen der Spiralnebel endgültig entschieden. Der amerikanische Astronom Edwin Hubble war einer der ersten Wissenschaftler, dem das neue Zweieinhalb-Meter-Teleskop auf dem Mount Wilson in der Nähe von Los Angeles zur Verfügung stand. Mit diesem Instrument gelang es Hubble, einzelne Sterne, einschließlich einiger δ-Cephei-Variabler, in nahe gelegenen Galaxien auszumachen. Sich stützend auf den von Leavitt erkannten Zusammenhang zwischen Pulsation und Leuchtkraft dieser veränderlichen Sterne, wies Hubble nach, daß die Entfernungen zu den Spiralnebeln in Lichtjahrmillionen gemessen werden müssen – Entfernungen also, die die Größe, die Shapley unserer Galaxis zugeschrieben hatte, bei weitem übertreffen. Wieder einmal mußten die Grenzen des Universums weiter gesteckt werden, als sich unsere Möglichkeiten verbesserten, es zu erkunden. Es gab nicht nur andere «Welteninseln» – also Galaxien –, sondern sie waren darüber hinaus viel weiter entfernt, als man es je für möglich gehalten hätte.

Die Spiralnebel sind tatsächlich Sternensysteme wie unser eigenes, jeweils weit von der Milchstraße entfernt. Andere Nebel – mit relativ wenigen Sternen und einer Menge fein verteilten, leuchtenden Materials – sind Gaswolken in unserer eigenen Galaxis. Um den Unterschied zwischen beiden festzustellen, mußten Teleskope gebaut werden, mit deren Hilfe man ermitteln konnte, welche Nebel weiter entfernt sind als andere. Erst dann konnte dieses Problem als gelöst gelten.

Ein paar Worte über Galaxienhaufen

Bevor ich weiter auf Hubbles Arbeit eingehe, will ich kurz auf eine Tatsache hinweisen – ich komme später darauf zurück –, die sein Modell der Welteninseln betrifft. Seit seiner Zeit ist deutlich geworden, daß Galaxien nicht zufällig im Raum verteilt sind, sondern dazu neigen, sich zu Strukturen zusammenzuballen, die Galaxienhaufen oder Cluster genannt werden. Diese wiederum gruppieren sich zu Superhaufen (Supercluster). Hubble hatte keine Möglichkeit, dies zu erkennen, aber heute erweist sich die Suche nach den Gründen für die ungleichmäßige Verteilung der Galaxien als eines der Hauptprobleme – manch einer würde sagen, als *das* Problem – der modernen Kosmologie.

Das Universum dehnt sich aus

So wichtig Hubbles Beweis für die Existenz anderer Galaxien auch war, so kommt doch einer weiteren Entdeckung, die er im Verlauf derselben Untersuchung machte, eine noch größere Bedeutung zu. Hubble stellte bei der Beobachtung von Galaxien fest, daß sie sich von unserer Galaxis fortbewegen, und zwar um so schneller, je weiter entfernt sie sind. Diese Entdeckung war so verblüffend und wirkte sich so nachhaltig auf die moderne Kosmologie aus, daß es hier wichtig ist, sich näher mit der Grundlage der Argumentation zu befassen, auf der Hubble seine Behauptung aufstellte.

Wenn Sie an einer Straße stehen und die Hupe eines vorbeifahrenden Autos hören, werden Sie feststellen, daß ihre Tonhöhe sich verändert, während das Auto an Ihnen vorüberkommt. Nähert es sich Ihnen, liegt der Ton höher. Entfernt es sich, klingt er tiefer. Dies ist ein Beispiel für den sogenannten Doppler-Effekt, der am einfachsten durch einen Blick auf Abbildung 9 verständlich wird.

Wenn die Hupe eines stehenden Autos ertönt, wie im oberen Diagramm dargestellt, erzeugt sie konzentrische Schallwellen, also

Das Universum dehnt sich aus 47

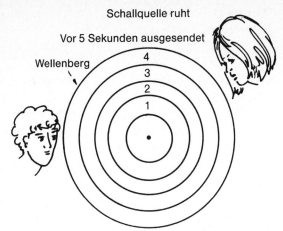

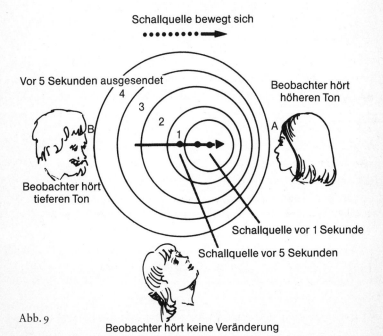

Abb. 9

48 Die Entdeckung der Galaxien

Wellen von im gleichbleibenden Abstand sich vergrößerndem und wieder verringerndem Luftdruck. Sobald sie auf unser Ohr treffen, hören wir einen Ton. Dessen Höhe hängt davon ab, wie eng die «Wellenberge» benachbart sind und damit, wie schnell sie aufeinander folgen. Je mehr Wellen pro Sekunde an unser Ohr gelangen, um so höher ist der Ton.

Wenn sich das Auto bewegt, wie im unteren Diagramm dargestellt, legt es in dem Zeitraum zwischen der ersten und der zweiten Welle eine kleine Strecke zurück. So hat jede einzelne Welle einen anderen Mittelpunkt – jeweils die Stelle, an der sich das Auto gerade befand, als es sie aussendete. Das Ergebnis: Statt der konzentrischen Anordnung entsteht ein verzerrtes Muster. Wenn sich das Auto nähert, treffen die Wellen auf einen am Punkt A stehenden Passanten in schnellerer Folge als normal. Deshalb wird er einen höheren Ton hören. In Punkt B sind die Wellen jedoch weniger dicht gebündelt als normal, so daß man dort einen tieferen Ton vernimmt.

Dies erklärt den Doppler-Effekt und verdeutlicht zugleich, wie Hubble entdeckte, daß sich das Universum ausdehnt. Was nämlich mit Schallwellen passiert, kann mit jeder Wellenart geschehen, von den Wasserwellen am Meeresstrand bis zum Licht. Im Falle des Lichts wird die Verkürzung der Wellen bei der Annäherung eines Objektes als eine Verschiebung seiner Farbe zum Blau hin wahrgenommen, während sich die Vergrößerung der Wellenlänge, wenn das Objekt sich entfernt, als eine Verschiebung zum Rot hin zu erkennen gibt – als «Rotverschiebung». Hubble verglich nun das Licht, das Atome bekannter Elemente in den Galaxien, die er beobachtete, ausstrahlen, mit dem Licht, das die gleichen Atome hier auf der Erde, etwa in einem Laboratorium, emittieren. Er stellte fest, daß sich das Licht ferner Galaxien zum roten Ende des Spektrums hin verschiebt. Daraus schloß er, daß sich die Galaxien von der Erde fortbewegen.

Ein deutlicher Zusammenhang tauchte auf, als er prüfte, wie weit entfernt die Galaxien sind. Einige seiner eigenen Daten sind in Ab-

Doppler-Effekt – Rotverschiebung 49

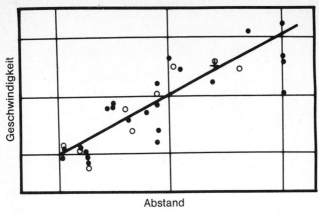

Abb. 10

bildung 10 skizziert. Hubble erkannte, daß sie eine Beziehung anzeigten: Je weiter entfernt die Galaxie, um so größer die Rotverschiebung. Ich muß zugeben, daß diese Tendenz in der Abbildung nicht gerade mit überwältigender Offensichtlichkeit zum Ausdruck kommt (während sie in neueren Daten sehr deutlich hervortritt). Hubbles Entdeckung muß einerseits der guten Experimentiertechnik und andererseits einer intuitiven Vorwegnahme genauerer Meßergebnisse zugeschrieben werden.

Wie auch immer Hubble das Muster wahrgenommen haben mag, das sich schließlich aus seinen Daten ergeben sollte – die Entdeckung der Rotverschiebung der anderen Galaxien war eines der profundesten Ergebnisse, zu denen die astronomische Beobachtung jemals geführt hat. Diese Entdeckung trug in sich den Keim unseres modernen Bildes eines sich entwickelnden, evolvierenden Universums – des Urknallmodells.

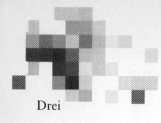

Drei

Der Urknall

Warum wird der Mensch geboren, Warum stirbt er und Warum verbringt er so viel von der Zeit dazwischen mit dem Tragen von Digitaluhren?

DOUGLAS ADAMS
«Per Anhalter durch die Galaxis»

Kein Zweifel – will man die grundlegenden Fragen der Wissenschaft beantworten, muß man sich an die Kosmologie wenden. Die ganze Menschheitsgeschichte hindurch haben sich Kosmologen berufen gefühlt, Antworten auf Fragen wie die folgenden zu geben: «Wie begann das Universum?», «Wie ist es aufgebaut?» und: «Wie sieht seine Zukunft aus?» Wenn Sie diese Fragen einem zeitgenössischen Kosmologen stellen, wird er Ihnen in der Begrifflichkeit des heute allgemein akzeptierten Modells antworten – des sogenannten Urknallmodells. Es ist in logischer Stringenz aus Hubbles Entdeckungen über die Galaxien hervorgegangen.

Wenn Galaxien sich tatsächlich vom Beobachter in unserer Galaxis fortbewegen und wenn weiter entfernte Galaxien sich schneller als nahe gelegene entfernen, ergibt sich daraus ein bemerkenswertes Bild des Universums. Stellen Sie sich die Galaxien einmal als Rosinen vor, die in einem riesigen Klumpen Hefeteig verteilt sind, der gerade aufgeht. Während sich der Teig ausdehnt, entfernen sich die Rosinen allmählich immer weiter voneinander. Wie würden Sie dieses Geschehen erleben, stünden Sie selbst auf einer der Rosinen? Sie würden selbst keine Bewegung spüren, so wie Sie auch die Auswirkungen des Umlaufs der Erde um die Sonne nicht spüren, aber Sie würden feststellen, daß sich Ihre Rosinen-Nachbarin von Ihnen entfernte. Die Bewegung wäre auf die Tatsache zurückzuführen, daß sich der Teig zwischen Ihnen und Ihrer unmittelbaren Nachbarin ausdehnte und Sie beide auseinanderschöbe.

Würden Sie daraufhin eine Rosine betrachten, die doppelt so weit von Ihnen entfernt wäre wie Ihre unmittelbare Nachbarin, könnten Sie auch diese sich entfernen sehen. Sie würde sich doppelt so schnell wie Ihre Nachbarin bewegen, weil zwischen Ihnen und ihr doppelt so viel Teig läge. Je weiter Sie schauten, um so mehr Teig würde Sie von der jeweils gesichteten Rosine trennen und um so schneller würde jede sich von Ihnen entfernen.

Genau dieses Phänomen konnte Hubble beobachten, als er vom Mount Wilson aus das Universum betrachtete, ein Universum, in dem der Raum selbst sich ausdehnt. Die Galaxien werden, wie die Rosinen im Teig, mit dieser Ausdehnung fortgetragen. Es ist eine Expansion, bei der ein Beobachter in jeder beliebigen Galaxie sich selbst als stillstehend wahrnähme, während er alle anderen sich von ihm entfernen sieht. So ergibt sich ein Universum, das «überall seinen Mittelpunkt und nirgendwo seinen Umfang» hat, um die im ersten Kapitel zitierten Worte des Nikolaus von Kues noch einmal aufzugreifen.

Die Vorstellung eines sich ausdehnenden Universums ist inzwischen so selbstverständlich geworden, daß man schnell vergißt, welchen Umbruch sie in Wirklichkeit bedeutet. Ich möchte daher, um diesen Punkt zu verdeutlichen, die wichtigsten philosophischen Aspekte des Hubbleschen Modells ansprechen.

Das Universum hatte einen Anfang

Betrachten Sie die Entwicklung des Universums als einen Film, so können Sie sich leicht vorstellen, ihn «rückwärts laufen zu lassen». Wenn Sie das tun, sehen Sie, wie das Universum immer kleiner wird. Schließlich gelangen Sie zu jenem Moment, wo seine gesamte Masse in einen unendlich dichten Punkt hineingezwängt ist. Von diesem

Punkt und diesem Moment an hat sich das Universum bis heute ausgedehnt. Vorher hat es nicht existiert, zumindest nicht in seiner gegenwärtigen Form. Die Tatsache der universellen Ausdehnung zwingt uns zu der Schlußfolgerung, daß das Universum einen Anfang in der Zeit hatte. Wie wir noch sehen werden, streitet man sich über sein genaues Alter, doch hier genügt es, zu wissen, daß die meisten Kosmologen es auf etwa zehn bis zwanzig Milliarden Jahre schätzen. Zum Vergleich: Das Sonnensystem ist ungefähr viereinhalb Milliarden Jahre alt, die Dinosaurier starben vor fünfundsechzig Millionen Jahren aus, und die ersten Menschen lebten vor etwa drei Millionen Jahren.

Das Ereignis, das den Beginn des Universums darstellt, wurde auf den Namen «Urknall» getauft, ein Begriff, der in den Wortschatz unserer Kultur eingegangen ist. Ursprünglich bezog er sich lediglich auf das Anfangsereignis selbst, doch inzwischen ist es unter Astronomen gebräuchlich, ihn auf den Gesamtprozeß des oben beschriebenen Universums anzuwenden – ein Universum, das aus einem Anfangszustand von großer Dichte hervorging und sich seitdem ständig ausgedehnt hat. Auch ich werde den Begriff «Urknall» in diesem Sinne verwenden. Er wird sich auf den gesamten Prozeß beziehen: sowohl auf das Anfangsereignis als auch auf die Expansion. Das Anfangsereignis selbst möchte ich den «Augenblick der Schöpfung» nennen.

An dieser Stelle sollten wir uns auch von einer weitverbreiteten falschen Auffassung vom Urknall trennen, von der Vorstellung nämlich, die Ausdehnung des Universums sei mit der Explosion einer Granate vergleichbar. Die Galaxien sind keine Granatsplitter, die vom Zentrum der Explosion fortfliegen. Die «Rosinen im Teig»-Analogie stellt einen bei weitem aussichtsreicheren Weg dar, über den Gesamtprozeß nachzudenken. Es ist ja der Raum selbst, der sich ausdehnt, und nicht etwa eine Wolke von Galaxien innerhalb des Raums.

Die einfache These von einem Anfang des Universums in der Zeit ist Astrophysikern mittlerweile derart geläufig, daß wenige von uns überhaupt noch einen Gedanken daran verschwenden. Doch hat diese Behauptung tiefgreifende Auswirkungen. Die meisten Zivilisationen beziehen sich auf einen der beiden gegensätzlichen Zeitbegriffe, die wir grob als linear und zyklisch oder noch gröber als westlich und östlich charakterisieren können. Die lineare Zeit hat einen Anfang, eine Dauer und ein Ende. Die zyklische Zeit hingegen dreht sich, wie es der Name andeutet, ewig im Kreis.

In einem Universum, in dem die zyklische Zeit herrscht, taucht niemals die Frage nach der Erschaffung auf; das Universum war immer da und wird immer sein. Sobald man sich aber am linearen Zeitbegriff orientiert, steht man vor zwei verwirrenden Fragen: der Frage nach der Erschaffung und der Frage nach dem Schöpfer. Viele Menschen glauben, daß die Entstehung von etwas auf das Handeln eines vernunftbegabten Wesens zurückzuführen sei, obwohl es keinen logischen Grund für diese Annahme gibt. Sie führt dazu, daß Astronomen bei der Postulierung des Urknall-Universums in eine theologische Diskussion verwickelt werden, auch wenn ihnen dies zuwider ist. Sie geraten dadurch geradewegs in den Mittelpunkt der ewigen Dispute über die Existenz Gottes.

Das Universum ist nicht statisch
Bis zu Hubbles Entdeckung der Rotverschiebung hielt man das Universum im allgemeinen für statisch. Man glaubte, die Sterne seien ewig und unveränderlich, und wollte man das Universum ergründen, so müßte man es, wie ein neu entdecktes Territorium, nur kartographieren. Gut, das Gelände war unübersichtlich und die Arbeit mühsam, doch konnte man zumindest sicher sein, daß das Terrain nicht seine Gestalt veränderte, während man die Karte anfertigte. Hubbles Entdeckung führte dieses statische Bild ad absurdum. Wir haben es mit einem Universum zu tun, das sich kontinuierlich in der Zeit entfaltet. Wir müssen uns das Universum als einen *Prozeß* vorstellen.

Entsprechend liefern uns all die im Laufe der Jahrhunderte angestellten Beobachtungen lediglich Momentaufnahmen des Universums während eines Bruchteils seiner Geschichte. Zwängte man die gesamte Lebenszeit des Universums in ein einziges Jahr, begänne die Geschichtsschreibung am Silvestertag wenige Sekunden vor Mitternacht. Wäre das Universum statisch, genügte ein einziger Schnappschuß, um zu wissen, wie es seit Anbeginn der Zeit ausgesehen und sich verhalten hat. Aber da das Universum eine Evolution durchläuft, teilt uns der Schnappschuß nur etwas über seinen heutigen Zustand mit. Aus ihm müssen wir ableiten, welche Entwicklung es hinter sich hat.

Dieser Standpunkt verändert in erheblichem Maße den Rahmen für unsere Erklärungen dessen, was sich dem Blick ins All darbietet. Wie wir später noch sehen werden, scheint die Existenz riesiger Leerräume – Regionen, in denen man keine Galaxien antrifft – ein Grundzug des Universums zu sein. Hielte man das Universum für statisch und unwandelbar, müßte man irgendeinen Mechanismus finden, der solche Blasen hervorbringen und in alle Ewigkeit aufrechterhalten kann – eine wohl unlösbare Aufgabe. Geht man andererseits von einem Universum aus, das sich entwickelt, wird die Aufgabe viel leichter. Man muß lediglich etwas finden, das eine Blase entstehen lassen kann, die so lange existiert, daß wir sie sehen können. In Kapitel 5 werden Sie einige physikalische Prozesse kennenlernen, die eine kurzlebige Blase erzeugen können.

Das Universum wird nicht ewig
in seinem gegenwärtigen Zustand bleiben
So wie das Universum einen Anfang hatte, wird es auch ein Ende haben. Ich werde später detailliert darauf eingehen, wie dieses Ende aussehen könnte. Im Augenblick genügt der Hinweis, daß ein expandierendes Universum notwendigerweise auf irgendein Endstadium zulaufen muß.

Im neunzehnten Jahrhundert war die Vorstellung en vogue, das Universum würde den «Hitzetod» sterben. Dieses Szenario vom Ende des Universums folgt aus dem zweiten Gesetz der Thermodynamik, nach dem die gesamte Schöpfung schließlich auf eine einförmige Menge von Materie ohne bestimmte Merkmale reduziert wäre. Die Zukunftsmodelle in der Urknall-Kosmologie sind weitaus dramatischer als der Hitzetod. Es liegt an den Mängeln unserer Beobachtungstechnik, daß wir nicht mit Sicherheit sagen können, welches Szenario am Ende zutreffen wird – ein wahrscheinlich vorübergehender Zustand der Unwissenheit. Aber heute schon können wir erkennen, daß nur zwei Möglichkeiten denkbar sind, und wir sind in der Lage, beide im Detail zu beschreiben.

In früheren Entwicklungsstadien
war das Universum dichter und heißer
Als das Universum jünger war, befand sich die gleiche Menge Materie in einem viel kleineren Volumen als heute; sie hatte also eine größere Dichte. Je dichter man Materie zusammenpreßt, desto heißer wird sie. Ein bekanntes Beispiel aus dem Alltag: das Aufpumpen eines Fahrradschlauchs. Nach einer Weile erhitzt sich das Kolbenrohr der Pumpe, weil die fortwährende Luftverdichtung Wärme erzeugt. Wir treffen also auf eine Materie von größerer Dichte und auf entsprechend höhere Temperaturen, wenn wir weiter in der Zeit zurückgehen. Müßte ich mich für einen einzigen Merksatz über den Urknall entscheiden, so lautete er: *Je jünger das Universum, desto heißer.*

Diese Tatsache hat enorme Auswirkungen, ja ihr ist die Blüte der heutigen Kosmologie zu verdanken. Wenn wir nämlich sagen, eine Substanz sei heiß, meinen wir eigentlich, daß sich ihre einzelnen Atome schnell bewegen. Je heißer das Material ist, um so schneller bewegen sich die Atome. Und je schneller sie sich bewegen, um so heftiger sind die Kollisionen, die sich ereignen.

Denken Sie an Autounfälle: In einem kalten Stoff bewegen sich die Atome langsam, und die Kollisionen ähneln daher denen zweier Autos, die mit niedriger Geschwindigkeit auf einem Parkplatz aneinanderstoßen. Es ist unwahrscheinlich, daß die Autos oder die Atome ernsthaft beschädigt werden. Wenn hingegen ein Stoff heiß ist, gleichen die Kollisionen einem Frontalzusammenstoß zweier

Autos bei Höchstgeschwindigkeit. In diesem Fall werden mit großer Sicherheit sowohl Autos als auch Atome zertrümmert und ihre Kotflügel, Stoßstangen und andere Einzelteile über die ganze Landschaft verstreut.

Als das Universum heißer und jünger war, kam es also zu heftigen Kollisionen zwischen den Atomen, und es muß eine Zeit gegeben haben, in der die Temperatur so hoch war, daß kein einziges Atom die Zusammenstöße überleben konnte. Alle wurden in ihre Bestandteile aufgelöst. Daraus schließen wir, daß das Universum eine Phase durchlaufen haben muß, in der keine Atome existierten, und demzufolge einen Zeitpunkt erreichte, an dem es so weit abgekühlt war, daß sie in Erscheinung traten. Vor der Entstehung der Atome muß Materie in Form umherwandernder Elektronen existiert haben, die nach Kernen Ausschau hielten, an die sie sich binden konnten. Außerdem muß es Materie in Form von Kernen gegeben haben, die auf der Suche nach Elektronen umherwanderten – einen Zustand der Materie, den Physiker «Plasma» nennen. Gelang es einem Elektron, sich einem Kern anzuschließen, um ein Atom zu bilden, wurden die beiden bei der nächsten Kollision wieder voneinander getrennt.

Diese Ereigniskette, in der Materie von einem Stadium zum anderen fortschreitet, während die Temperatur sinkt, möchte ich «Einfrieren» nennen. Sie ist vergleichbar mit dem Übergang des Wassers vom flüssigen zum festen Zustand, wenn die Temperatur unter den Gefrierpunkt sinkt. Der Übergang von der Mischung von Elektronen und Atomkernen zu Atomen fand zwar bestimmt bei einer höheren Temperatur als dem Gefrierpunkt des Wassers statt, doch haben die beiden Prozesse viele Eigenschaften gemeinsam.

Als das Universum jünger war,
war es einfacher
Ein Atom ist eine recht komplexe Struktur. Es hat einen sehr dichten Kern mit positiver Ladung, der von einem Schwarm negativ geladener Elektronen umkreist wird. Eine Mischung ungebundener

Plasma – Das «Einfrieren» der Partikel 57

Atomkerne und Elektronen ist dagegen ein relativ einfaches System. Wollten Sie ein Atom bauen, müßten Sie immerhin die einzelnen Teile in genau richtiger Anordnung zusammenfügen. Um eine Mischung zu erhalten, brauchen Sie sie nur auf irgendeine beliebige Art zusammenzuwerfen. Es ist wie der Unterschied zwischen einem sorgfältig und einem schlampig gepackten Koffer.

Was mit den Atomen passiert, ist typisch für die frühe Geschichte des Universums. Während die Temperatur in Abhängigkeit von der Hubble-Expansion weiterhin sinkt, bilden sich immer komplexere Strukturen. Die Atome, die größten und zartesten der Strukturen, mit denen ich mich hier befassen will, nahmen zuletzt Gestalt an. Blicken wir weiter zurück, so zeigt sich, daß als nächstfrühere Struktur die Atomkerne selbst einfroren. Atomkerne sind einfache Ansammlungen von Protonen und Neutronen. Wenn sie heftig genug zusammenstoßen, können sie auseinandergerissen werden. Deshalb muß es eine Zeit gegeben haben, als die Atomkerne noch nicht existierten, und einen Zeitpunkt, da sie erstmals in Erscheinung traten.

Auf gleiche Weise stellt man sich die den Atomkern aufbauenden Protonen, Neutronen (und andere Elementarteilchen) als Zusammensetzungen von Partikeln vor, die Quarks genannt werden und noch elementarer sind.* Als die Temperatur des Universums sehr hoch war, konnten diese Quarks nicht in den Elementarteilchen zusammengeschlossen bleiben, sondern schwärmten als freie Partikel umher. Mit anderen Worten: In frühesten Zeiten existierten die Elementarteilchen noch nicht, die heute im Atomkern beheimatet sind. Es gab also eine Zeit, in der sie nicht existierten, und einen Zeitpunkt, an dem sie in Erscheinung traten.

Bei entsprechend hoher Temperatur war Materie somit eine Mischung aus Quarks und Teilchen, die Elektronen ähneln – Partikel, die die Physiker Leptonen («leichte» wechselwirkende Teilchen)

---

* Die Geschichte der Elementarteilchen und Quarks erzähle ich in meinem Buch «From Atoms to Quarks», Scribner's, 1980.

58   Der Urknall

nennen. Nach unserer heutigen Kenntnis bilden sie das Ende der Kette – weiter kann man Materie nicht aufspalten. Alles, was uns umgibt, besteht aus verschiedenen Kombinationen von Quarks und Leptonen. Während sich das Universum ausdehnte, gefroren die Quarks zu Elementarteilchen, danach gefroren die Elementarteilchen zu Atomkernen und schließlich die Atomkerne und Elektronen zu Atomen. Ist das nicht ein überschaubares Bild von der Evolution der Materieformen!

Doch die Vereinfachung des Universums hört nicht bei der Materie auf. Ist diese erst einmal in ihre Konstituenten aufgespalten, gibt es immer noch etwas anderes im Universum, das für Komplexität sorgt: die Grundkräfte, denen die Wechselwirkungen zwischen den Teilchen unterliegen. In unserem gegenwärtigen, eher kühlen Universum sind vier solcher Kräfte wirksam. Dies sind (geordnet nach abnehmender Stärke) die starke Kraft, die den Atomkern zusammenhält; die elektromagnetische Kraft, uns vertraut von Elektrizität und Magnetismus; die schwache Kraft, die verschiedene Arten radioaktiven Zerfalls regelt, und schließlich die Schwerkraft, die Gravitation. Obwohl diese Kräfte ziemlich unterschiedlich zu sein scheinen, sind sie, unseren Theorien über die Grundstruktur des Universums zufolge, nichts weiter als verschiedene Aspekte einer einzigen Kraft. Bei zunehmender Energie der Zusammenstöße verschwinden, so nehmen wir an, die Unterschiede zwischen den fundamentalen Kräften.

Wenn der Unterschied zwischen zwei Kräften schwindet, sagen wir, sie hätten sich vereinigt. Die Theorien, die diesen Vereinigungsprozeß beschreiben, werden Einheitliche Feldtheorien genannt. Aus ihnen ergeben sich wichtige Schlußfolgerungen für die Evolution des Universums. Wenn wir uns rückwärts in der Zeit über den Punkt hinaus bewegen, an dem die Materie – wie es in unserem zurückspulenden Film scheint – in ihre kleinsten Bestandteile zerlegt wird, vereinigen sich als erste der Elektromagnetismus und die schwache Kraft. Vor diesem Punkt gab es also nur drei fundamentale Kräfte: die starke, die vereinheitlichte elektroschwache und die

Schwerkraft. Lassen wir den Film noch weiter zurücklaufen, kommt als nächstes bedeutsames Ereignis die Vereinigung der starken und der elektroschwachen Kraft in den Blick. Vorher waren somit nur zwei fundamentale Kräfte wirksam: die stark-elektroschwache und die Schwerkraft. Während diese Vereinheitlichung in unserem Film voranschreitet, werden Quarks und Leptonen, die beiden grundlegenden Konstituenten der Materie, austauschbar – im Grunde genommen zu ein und derselben Art von Teilchen.

Schließlich legt die Theorie nahe, daß bei buchstäblich unvorstellbar hohen Temperaturen auch die beiden letzten Kräfte vereinigt sind. (Die diesen Prozeß beschreibenden sogenannten Supersymmetrie-Theorien werden im elften Kapitel erörtert.) Im Augenblick genügt der Hinweis, daß sie uns die Einfachheit, Schönheit und Eleganz des Universums im ersten Sekundenbruchteil seiner Existenz vor Augen führen. Da bestand es aus einem Meer von nur einer einzigen Teilchenart, und diese Teilchen traten durch eine einzige Kraft miteinander in Wechselwirkung.

Zuhörern, die mir so weit in der Geschichte des Universums gefolgt sind, erzähle ich gern, wie seitdem alles bergab gegangen ist.*

Der Zeitplan

Die Geschichte des Universums vom Augenblick der Schöpfung an ist also von Ausdehnung, Abkühlung und einem allmählichen Aufbau von Komplexität geprägt gewesen, während die Temperatur sank. Allerdings habe ich den Ereignissen, die die Übergangspunkte markieren, den «Einfrierungen» nämlich, in deren Verlauf entweder die Materie selbst oder die fundamentalen Wechselwirkungen ihre Form ändern, bisher noch keine Zeiten zugeordnet. Ohne ins

---

* Eine umfassende Betrachtung der im folgenden nur skizzierten Phasen finden Sie in meinem Buch «Im Augenblick der Schöpfung», Birkhäuser, Basel/Boston/Stuttgart 1984.

60   Der Urknall

Detail zu gehen, kann die Entwicklung des Universums mit Hilfe eines einfachen Zeitplans aufgezeichnet werden. Dem Anfangsereignis selbst ordnen wir den Zeitnullpunkt zu. Dann ereigneten sich zu den folgenden Zeitpunkten die verschiedenen oben bezeichneten Einfrierprozesse:

10^{-43} Sekunden* (Planck-Zeit)

Zu diesem Zeitpunkt trennt sich die Gravitation von der stark-elektroschwachen Kraft. Nach den kurzen «Flitterwochen» von äußerster Einfachheit ist das Universum etwas komplexer geworden, da die Wechselwirkungen zwischen den Teilchen nun von zwei verschiedenen Grundkräften bestimmt werden. Die Temperaturen sind so hoch und die Kollisionen so energiereich, daß sie bei weitem alle Temperaturen überschreiten, die es im heutigen Universum gibt, einschließlich jener im Innern von Sternen und Quasaren. Einige Theoretiker haben zu beschreiben versucht, wie das Universum zu diesem Zeitpunkt aussah, doch stehen uns keine Untersuchungsmethoden zur Verfügung, um herauszufinden, ob sie recht haben.

10^{-35} Sekunden

Die starke und die elektroschwache Kraft trennen sich voneinander, wodurch es nunmehr drei fundamentale Wechselwirkungen im Universum gibt. Die Quarks und Leptonen sind nicht mehr austauschbar und nehmen eine Form an, die ziemlich genau ihrer gegenwärtigen entspricht. Zusätzlich könnten sich in diesem Einfrierprozeß eine Reihe seltsamer Objekte gebildet haben, deren Erschaffung viel mehr Energie erforderte, als sie heutzutage in der

---

* Aus Gründen der Platzersparnis werde ich die sogenannte wissenschaftliche Notation verwenden. Sie ist nicht schwer zu verstehen. Eine 10 mit einer negativen Zahl als Exponent bedeutet: «Rücke das Komma dieser Dezimalzahl um genau so viele Stellen nach links.» Deshalb ist die obige Zahl eine Null, gefolgt von einem Komma, zweiundvierzig Nullen und einer Eins. Ein positiver Exponent bedeutet: «Rücke das Komma um genau so viele Stellen nach rechts.»

Natur oder im Laboratorium zur Verfügung steht. Diese Objekte, wie etwa die in Kapitel 12 besprochenen kosmischen Fäden (Strings), bleiben stabil, wenn sie sich erst einmal gebildet haben. Sie könnten daher seit dieser äußerst frühen Zeit überlebt haben und noch immer eine wichtige Rolle in der Struktur des Universums spielen.

In der modernen experimentellen Forschung werden die Theorien, die diesen Übergang beschreiben, «Große Einheitliche Theorien» (GUT: Grand Unified Theories) genannt. Leider erweisen sie sich als nicht sehr erfolgreich. Sie sagen unter anderem den Zerfall des bisher als völlig stabil geltenden Protons in einem Zeitraum voraus, der wesentlich länger ist als die Lebenszeit des Universums. Versuche, diesen Zerfall mit extrem empfindlichen Instrumenten zu beobachten, sind bisher gescheitert, so daß die Lebenszeit viel länger sein muß, als sie von den einfachsten Versionen dieser Theorien vorhergesagt wird.

10^{-10} Sekunden

Hier geschieht ein letztes Einfrieren, verbunden mit einem Entkoppeln der Kräfte. Die elektromagnetische Kraft trennt sich von der schwachen Kraft, und die vier fundamentalen Wechselwirkungen im Universum sind komplett. Außerdem stellt dieser Zeitpunkt den frühstmöglichen Zustand des Universums dar, den wir in unseren Labors neu erschaffen können. In gigantischen Teilchenbeschleunigern können die Bedingungen während dieser Ära für Gebiete von der Größe eines Protons hergestellt werden. Das klingt nicht so, als sei es besonders viel, aber es reicht aus, um uns ziemlich sichere Anhaltspunkte für das damalige Geschehen zu geben.

10 Mikrosekunden

Die Quarks vereinigen sich zu den Elementarteilchen.

Drei Minuten
Protonen und Neutronen verbinden sich zu Atomkernen. In diesen frühen Stadien des Universums entstehen nur leichte Atomkerne – bis zu Helium und Lithium. Alle schwereren Elemente werden später in den Sternen gebildet.

100 000 bis 1 000 000 Jahre
Elektronen und Atomkerne verbinden sich zu Atomen. Mit der Bildung der Atome erreichte das Universum annähernd seine heutige Zusammensetzung. Seitdem ist die Hubble-Expansion ohne weitere grundlegende Veränderungen fortgeschritten.

Beweis für den Urknall

Wie jeder aus diesem Überblick ersehen kann, bietet das Urknallmodell ein recht umfassendes Bild von der Evolution des Universums, das uns in einer Reihe relativ einfacher Schritte vom Augenblick der Schöpfung bis zur Gegenwart führt. Doch geschah all das wirklich, oder ist es nur eine einleuchtende Geschichte wie eines von Rudyard Kiplings «Nur-so-Märchen»? Es gibt nur eine Möglichkeit, diese Frage zu beantworten: die Prüfung des empirischen Beweismaterials, das die Theorie stützt. Neben der Rotverschiebung selbst liegen zwei weitere Hauptbeweisstücke vor: die Kernsynthese und die kosmische Hintergrundstrahlung. Zwar gibt es noch eine ganze Reihe anderer Indizien, doch sind sie schwieriger zu beschreiben und, insgesamt gesehen, nicht so überzeugend wie diese beiden.

Der Kernsynthese (Bildung der Atomkerne) liegen die Prozesse zugrunde, die an der Dreiminutenmarke auftraten. Für kurze Zeit kollidierten Protonen und Neutronen, banden sich aneinander und bildeten so die leichten Atomkerne. In der Zeit vor der Dreiminutenmarke waren die Temperaturen so hoch, daß sie den Atomkernen keinen dauerhaften Zusammenhalt gestatteten – jeder Zusammenprall konnte sie wieder zerstören. Danach jedoch war die Hubble-Expansion bis zu einem Punkt vorangeschritten, an dem die Teilchendichte zu gering wurde, um noch viele Kollisionen stattfinden zu lassen. Somit ergibt sich ein vergleichsweise kurzer Zeitabschnitt, ein «Zeitfenster», um die Dreiminutenmarke herum, in dem noch genügend Zusammenstöße zur Bildung einer ausreichend großen Zahl von Atomkernen stattfinden und zugleich schon die Temperatur niedrig genug ist, um den Bestand der neu gebildeten Kerne zu ermöglichen.

Aus der Urknalltheorie läßt sich ableiten, welche Materiedichte in diesem kurzen Zeitraum geherrscht hat und wie viele Kollisionen sich daher ereignet haben müssen. Die Zusammenstöße selbst können in unseren Labors reproduziert werden, so daß wir wissen, mit welcher Wahrscheinlichkeit eine Kollision einen bestimmten Atomkern hervorbringt. Somit wird dieser Anteil jeder produzierten Atomkernart – die «ursprüngliche Häufigkeit» – zu einem wichtigen Prüfstein für das gesamte Urknallmodell.

Wie dieser Test funktioniert, läßt sich am besten an der ursprünglichen Häufigkeit von ^{4}He, einem Heliumkern aus zwei Protonen und zwei Neutronen, demonstrieren. Die Theorie sagt voraus, daß 25 Prozent der Materie im Universum nach der Dreiminutenmarke aus diesem Element bestanden haben müssen. Wenn Astronomen die Heliummenge im heutigen Universum messen und dann die Menge abziehen, die seit dem Urknall in den Sternen gebildet wurde, erhalten sie fast genau den vorhergesagten Wert. Hätten sie eine Häufigkeit festgestellt, der nur um 2 oder 3 Prozent von der Vorhersage abwiche, wäre die Urknalltheorie in arge Bedrängnis geraten.

Dieser Vorgang – präzise Vorhersage, anschließende Bestätigung – kann bei einer Reihe anderer Atomkerne wiederholt werden, etwa beim Deuterium (ein Proton, ein Neutron), ^{3}He (zwei Protonen, ein Neutron) oder ^{7}Li (Lithiumkern: drei Protonen, vier Neutronen). In jedem Fall stimmen die beobachteten Werte mit den von der Theorie geforderten gut überein: Die Vorhersagen des

64 Der Urknall

Urknallmodells werden in diesem Bereich bestätigt, wann immer man sie überprüft.

Der zweite schlagende Beweis für den Urknall stammt aus einer ganz anderen Quelle. Am einfachsten kann man ihn mit einer Analogie veranschaulichen. Wenn Sie ein Zimmer betreten, in dem das Kaminfeuer ausgegangen ist, können Sie normalerweise feststellen, seit wann es nicht mehr brennt, indem Sie sich die Kohle ansehen. Ist sie rotglühend, muß das Feuer erst vor kurzem ausgegangen sein. Ist sie matt orange, ist es ungefähr vor einer halben Stunde ausgegangen. Wenn die Kohle grau ist (das heißt, wenn sie kein sichtbares Licht mehr abgibt), Sie jedoch die Wärmestrahlung noch mit den Händen fühlen können, ist das Feuer vor noch längerer Zeit erloschen. In dieser Abstufung emittiert die sich abkühlende Kohle eine Wärmestrahlung von stetig größer werdender Wellenlänge, vom sichtbaren Licht bis zum Infrarot (das Sie zwar nicht sehen, aber mit Ihren Händen spüren können).

Man kann sich die frühen Stadien des Urknalls als ein Feuer und das Universum selbst als die Kohle dieses Feuers vorstellen. Wie die Kohle in Ihrem Kamin hat das Universum eine Strahlung von zunehmend größerer Wellenlänge abgegeben, während es sich abkühlte. Heute, etwa fünfzehn Milliarden Jahre nach dem Erlöschen des Feuers, muß diese Strahlung in Form von Mikrowellen vorhanden sein – die gleiche Art von Strahlung, die wir zum Kochen und Ansteuern des Fernsehers mittels Fernbedienung benutzen. Der einzige Unterschied zwischen dem Universum und der Kohle im Kamin besteht darin, daß wir diese von außen betrachten und vor ihr stehend die Wärmestrahlung wahrnehmen, während wir uns im ersten Fall innerhalb des Körpers selbst befinden, der die Strahlung abgibt; wir stecken mittendrin im Kohlenhaufen.

1964 richteten Arno Penzias und Robert Wilson, zwei Physiker der Bell Telephone Laboratories in New Jersey, einen großen Radiowellenempfänger zum Himmel aus. Dabei empfingen sie – in welche Richtung auch immer sie die Antenne lenkten – ein Rauschen, das auf die Anwesenheit von Mikrowellen hindeutete. In den durch diese Beobachtung ausgelösten wissenschaftlichen Diskussionen entdeckte man schließlich, daß diese Strahlung genau dem entsprach, was man erwarten mußte, wenn das Universum tatsächlich vor ungefähr fünfzehn Milliarden Jahren mit einem heißen Urknall begonnen hatte. In diesem Zeitraum hat es sich von den hohen Anfangstemperaturen auf die für Mikrowellen charakteristische Temperatur abgekühlt – etwa 2,7 Grad über dem absoluten Nullpunkt. Diese Entdeckung, die zu einem Zeitpunkt kam, als noch sehr viele Fragen bezüglich der Struktur des Universums offen waren, hat wohl den Ausschlag dafür gegeben, daß die meisten Wissenschaftler auf das Urknallmodell umschwenkten.

Wie stehen die Chancen?

Im Winter und Frühjahr 1986 durfte ich ein Forschungssemester an der paläontologischen Fakultät der University of Chicago verbringen. Ich befaßte mich in einer Arbeitsgruppe mit dem Problem des Massenaussterbens («Was führte zum Tod der Dinosaurier?») und lernte dabei David Raup, den Leiter des Teams, kennen. Es gibt Fachleute, die Dave für den bedeutendsten Paläontologen unserer Zeit halten, eine Einschätzung, die ich als sein zeitweiliger Mitarbeiter angemessen finde. Darüber hinaus gehört er zu den seltenen Persönlichkeiten, die bei allem, was sie tun, einen Riesenspaß haben. Gern stellt er Dinge in Frage, die jeder andere bedenkenlos akzeptiert, eine Eigenschaft, die wahrscheinlich viel mit seinem Erfolg als Wissenschaftler zu tun hat. Obendrein ist er ein phantastischer Kartenspieler (wie ich zu meinem Leidwesen bei einigen nächtlichen Pokerrunden erfahren mußte) und verbringt einen Teil seiner Freizeit an seinem PC, um herauszufinden, wie man ihn beim Blackjack schlagen kann.

Ich erwähne diese Dinge, um den Hintergrund für ein Erlebnis zu geben, das ich während meines Aufenthalts an dieser Fakultät hatte. Wir saßen in Daves Büro und sprachen über irgend etwas, als er mich aus heiterem Himmel fragte: «Wie hoch ist die Wahrscheinlichkeit, daß das Urknallmodell korrekt ist?»

Ich muß gestehen, ich kam ins Schleudern. Mein erster Impuls war zu sagen: «Natürlich ist es korrekt», doch dann fiel mir ein, daß er mich fragen könnte, was mich wohl so sicher machte. Also schwieg ich. Je intensiver ich über die Frage nachdachte, um so mehr Erinnerungsfetzen kamen mir ins Gedächtnis. Ich erinnerte mich an einen Imbiß in einem angesehenen physikalischen Institut, bei dem ein sehr prominentes Mitglied dieser Fakultät (ich würde es nicht wagen, ihn durch die Erwähnung seines Namens in Verlegenheit zu bringen) sagte, er spiele oft mit dem Gedanken, einen versiegelten Umschlag zu hinterlassen, der fünfzig Jahre nach seinem Tod geöffnet werden solle. Er enthielte seine Vorhersagen über die Ergebnisse bestimmter wissenschaftlicher Kontroversen. An erster Stelle der Liste, fuhr er fort, stünde die Vorhersage, die Interpretation der Rotverschiebung als Beweis für die Ausdehnung des Universums würde sich als falsch erweisen.

Diese Erinnerung und meine Erfahrungen mit Trends und Modeerscheinungen in der Kosmologie, auf die ich später noch zu sprechen komme, ließen mich vor einer allzu dogmatischen Antwort auf Daves Frage zurückschrecken. Schließlich äußerte ich die Überzeugung, das Bild von der Expansion des Universums aus einem heißen Anfangsstadium sei mit sehr hoher Wahrscheinlichkeit im wesentlichen richtig, viele Details unseres Modells könnten aber durchaus falsch sein. Diese Antwort schien Dave zufriedenzustellen. Er hatte mir die Frage anscheinend nur deshalb gestellt, weil er auch einen Astronomen von der University of Chicago damit konfrontiert und zur Antwort bekommen hatte, das Urknallmodell sei hundertprozentig richtig. Wie alle gewieften Spieler mißtraut Dave einer sicheren Sache.

Doch die Frage ließ mich seitdem nicht mehr los, und mir wurde immer klarer, daß es nicht möglich ist, eine einzige definitive Antwort darauf zu geben. Die Urknalltheorie hat viele Aspekte, und jeder von ihnen trifft mit einem anderen Wahrscheinlichkeitsgrad zu. Als Übung zur Meinungsbildung gebe ich in der unten aufgeführten Tabelle meine eigene Einschätzung hinsichtlich der Wahrscheinlichkeit der verschiedenen in diesem Kapitel dargestellten Aspekte des Urknallmodells.

Aspekt der Theorie	Wahrscheinlichkeit
Allgemeines Modell der Ausdehnung des Universums, beginnend in einem heißen Anfangsstadium	mehr als 99 %
Bildung von Atomen, Kernsynthese	95 %
Elektroschwache Vereinheitlichung*	95 %
Einfrieren der Quarks und das allgemeine Quark-Lepton-Modell	85 %
Stark-elektroschwache Vereinheitlichung (GUTs)	50 %
Vereinigung mit der Schwerkraft	30 %
Supersymmetrie, Superstrings	20 %
Alle Theorien der Galaxienbildung und der großräumigen Struktur, auf die ich später zu sprechen komme	10 %

* Dies muß stimmen – dafür ist schließlich der Nobelpreis verliehen worden.

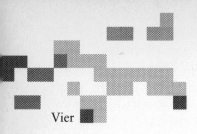

Vier

Fünf Gründe, warum Galaxien nicht existieren können

> Über die Fortschritte ist zu berichten, daß es keine Fortschritte gibt.
>
> NICK KOSOROK
> *Schneepflugfahrer aus Montana,
> während des Blizzards von 1985*

Wir können die moderne Vorstellung vom Universum in zwei kurzen Sätzen zusammenfassen. *Erstens:* Das Universum hat sich seit seiner Entstehung ständig ausgedehnt und sich dabei von einfachen zu komplexen Strukturen hin entwickelt. *Zweitens:* Die sichtbare Materie im Universum ist hierarchisch organisiert; die Sterne ordneten sich zu Galaxien, die Galaxien zu Haufen und die Haufen zu Superhaufen an. Damit stehen wir vor der Frage, wie ein Universum, dessen Evolution entsprechend dem ersten Satz abläuft, zu jenem Universum werden konnte, dessen Struktur der zweite Satz beschreibt.

Die Existenz der Galaxien zu erklären, hat sich als eines der haarigsten Probleme der Kosmologie erwiesen. Von Rechts wegen dürfte es sie gar nicht geben, dennoch sind sie da. Es ist kaum zu beschreiben, welche Frustration diese simple Tatsache unter Wissenschaftlern auslöst. Immer wieder sind neue Ansätze entwickelt worden, und es sah so aus, als sei das Problem gelöst. Aber keiner dieser Lösungsvorschläge hielt den Anforderungen stand. Neue Probleme tauchten auf, und wir waren wieder genau da, wo wir angefangen hatten.

Das Problem der Galaxienbildung 69

Alle paar Jahre beruft die American Physical Society, der Physiker-Verband in den USA, auf einem ihrer Kongresse eine Sitzung ein, bei der Astrophysiker über die verheißungsvollsten neuen Ansätze zur Bewältigung des Galaxienproblems sprechen. Ich habe als verwirrter Zuhörer an vielen dieser Sitzungen teilgenommen und fuhr stets mit großem Respekt vor dem Einfallsreichtum meiner Kollegen nach Hause. Zugleich hat mich jedoch jedesmal eine tiefe Skepsis gegenüber den vorgetragenen Ideen begleitet. Ich habe Erklärungen über mich ergehen lassen, wie Turbulenzen, schwarze Löcher, Explosionen während der Galaxienbildung, schwere Neutrinos und kalte Dunkle Materie all unsere Probleme lösen würden. Dabei entwickelte ich eine gewisse Immunität gegen Patentrezepte in der Kosmologie – gegen den «snake-oil approach», ein Ausdruck, den der Astrophysiker Jim Peebles von der Princeton University geprägt hat. Entgegen den Berichten in der Presse haben wir nämlich noch immer keine Antwort auf die Frage, warum es so viele Galaxien gibt; wir haben nur viele falsche Antworten erfolgreich eliminiert. Vielleicht sind wir heute der Wahrheit näher als je zuvor, aber lassen Sie sich nicht zu Leichtgläubigkeit verleiten. Es ist nicht auszuschließen, daß sich die Details der später beschriebenen Lösungsversuche zu den gescheiterten Bemühungen der Vergangenheit gesellen werden. Aber wir können davon ausgehen, daß ein paar der allgemeinen Vorstellungen, die in diesen Ansätzen enthalten sind, mit großer Wahrscheinlichkeit einen Teil der Gesamtlösung bilden werden – falls wir sie je finden sollten.

Zunächst einmal möchte ich Ihnen diese permanente Schwierigkeit verdeutlichen, indem ich Ihnen fünf Gründe präsentiere, warum Galaxien eigentlich nicht existieren dürften. Außerdem werden wir dabei Gelegenheit haben, durch ein Panoptikum gescheiterter Ideen zu streifen – jener Vorstellungen, die in die Irre gingen. Lassen Sie uns dabei ruhig ein wenig Bescheidenheit üben – wir können sie brauchen, wenn wir einen prüfenden Blick auf die gerade aktuellen Theorien werfen.

Grund Nr. 1:
Galaxien können sich
nicht vor den Atomen gebildet haben

Stellen Sie sich das Universum in den frühen Stadien der Hubble-Expansion aus zwei Bestandteilen zusammengesetzt vor: Materie und Strahlung. Im letzten Kapitel haben Sie verfolgt, wie die Materie beim Aufbau immer komplexerer Strukturen eine Reihe von Einfrierprozessen durchläuft. Während nun diese Veränderungen in der Form der Materie fortschreiten, verändert sich auch die Wechselwirkung zwischen Strahlung und Materie radikal. Dies spielt wiederum bei der Bildung von Galaxien eine zentrale Rolle.

Licht wie auch andere Arten von Strahlung wechselwirken stark mit den freien elektrisch geladenen Teilchen, die vor der Bildung von Atomen im Plasma des Universums existierten. Bewegt sich die Strahlung durch ein solches Plasma, stößt sie wegen dieser Wechselwirkung mit Teilchen zusammen. Es ist sinnvoll, sich dabei die Strahlung als Partikelstrom vorzustellen. Die Lichtpartikel (Photonen) ändern bei den Stößen ihre Bewegungsrichtung und üben dabei einen Druck aus, ähnlich den Luftmolekülen, die innen vom Autoreifen abprallen, wodurch der Reifen aufgepumpt bleibt. Hätte sich zufällig eine Materieansammlung in der Größenordnung einer Galaxie vor dem Einfrieren der Atome zu bilden versucht, hätte der Strahlungsdruck diese Massenansammlung auseinandergetrieben. Auch zeigte die Strahlung die Tendenz, in der Materie eingeschlossen zu bleiben. Hätte sie zu entkommen versucht, wäre sie abgeprallt.

Die Wichtigkeit dieser Feststellung kann man nicht hoch genug einschätzen. Aus ihr läßt sich folgendes ableiten: Solange Materie ein Plasma bleibt, daß heißt, solange es noch nicht zum Gefrieren der Atome gekommen ist, können sich keine Galaxien bilden. Daraus folgt, daß die Galaxienbildung sich zwar sicher über einen bestimmten Zeitraum erstreckte; dieser konnte aber erst etwa einhunderttausend Jahre nach dem Urknall beginnen. Vor dieser Zeit hätte die Wechselwirkung zwischen Strahlung und Materie nicht zugelassen, daß irgend etwas entstand, das unserem Universum ähnelt.

Nach der Bildung von Atomen wäre die Situation entschieden anders gewesen. Die wichtigste Rolle spielt hierbei die Tatsache, daß die Strahlung mit neutralen Atomen nicht so stark in Wechselwirkung tritt wie mit Teilchen in einem Plasma. Um sich diesen Sachverhalt zu verdeutlichen, stellen Sie sich vor, Sie stünden zum Beispiel auf einem Berggipfel oder einem sehr hohen Gebäude und schauten in die Landschaft hinaus. Bei günstigen Sichtverhältnissen werden Sie markante Punkte sehen können, die achtzig, oft mehr als hundert Kilometer entfernt sind. Von manchen Gipfeln aus, in Gegenden, wo die Luft sehr sauber ist, können Sie sogar noch weiter sehen.

Bevor Sie nun einen solchen markanten Punkt erblicken, muß Licht von dem betrachteten Objekt zu Ihren Augen kommen. Aus dem geläufigen Erlebnis, in die Ferne zu schauen, ziehen wir also die Erkenntnis, daß das Licht lange Strecken durch die Luft zurücklegen kann, ohne gestreut oder auf irgendeine andere Weise gestört zu werden. In einem Plasma kann dies nicht passieren. Die Tatsache, daß es in der Luft geschieht, die aus Atomen und Molekülen besteht, verdeutlicht, wie verschieden die Wechselwirkung des Lichts mit diesen beiden Materieformen ist.

Daher müssen sich die Ereignisse im frühen Universum etwa in folgender Reihenfolge abgespielt haben: Vom Urknall bis ungefähr zum Jahr 100 000 war Materie in Form von Plasma vorhanden, und es konnten sich keine Objekte in der Größe von Galaxien bilden. Vom hunderttausendsten Jahr an traten die ersten Atome in Erscheinung, und die Wechselwirkung des Lichts mit der Materie wurde allmählich schwächer. Die Bildung von Atomen fand nicht auf einmal statt, sondern zog sich bis zur Einmillionenjahrmarke hin. Zwischen diesen beiden Zeitpunkten veränderte sich die Konsistenz des Universums allmählich vom Plasma zu Atomen. Als der Übergang vollzogen war, blieben nur wenige freie elektrisch geladene Partikel übrig, und das Atom war die vorherrschende Materieform.

Während sich die Atome bildeten, sank die Stärke der Wechselwir-

72   Fünf Gründe, warum Galaxien nicht existieren können

kung zwischen Materie und Strahlung irgendwann auf den Punkt, wo die Strahlung nicht mehr fest an das Plasma gebunden war. Sie trat ungehindert aus und hatte von diesem Zeitpunkt an kaum noch Auswirkungen auf den Prozeß der Galaxienbildung. Im Kosmologenjargon sprechen wir davon, daß sich die Strahlung im Verlauf der Atombildung von der Materie entkoppelte.

Obwohl diese Entkopplung allmählich geschah, werde ich, wenn ich mich gelegentlich auf sie beziehe, so tun, als habe sie ungefähr um die Fünfhunderttausendjahrmarke stattgefunden, da dies eine runde Zahl nach etwa der Hälfte des Einfrierprozesses der Atome ist. Dies sollte nur als Faustregel verstanden werden und nicht etwa als die Behauptung, das Universum sei bis zum fünfhunderttausendsten Jahr undurchsichtig und eine Sekunde später plötzlich transparent gewesen.

Ich habe eine Analogie gefunden, mit der sich der Entkopplungsprozeß gut veranschaulichen läßt. Beobachten Sie einmal, was passiert, wenn Sie Würfelzucker in einem hohen Glas Eistee umrühren. Zunächst wird das Getränk trübe, weil der Zucker zu diesem Zeitpunkt noch aus relativ großen Stücken besteht und diese eine starke Streuung des Lichts hervorrufen. Sie läßt den Tee trübe erscheinen. In diesem Zustand gleicht er dem Universum vor der Bildung von Atomen, jener Ära, in der sich die Strahlung mit dem Plasma in Wechselwirkung befand. Ein paar Augenblicke später wird der Tee plötzlich wieder durchsichtig – der Zucker hat sich aufgelöst und existiert jetzt in Form von Molekülen, die schwach mit dem Licht in Wechselwirkung treten. Das Licht dringt nun ungestreut durch den Tee, und die Trübung ist vorüber. Dieser Übergang von Trübheit zu Transparenz ähnelt den Geschehnissen im Universum zum Zeitpunkt der Atombildung. Das Universum wurde transparent, als sich die Strahlung entkoppelte, und es blieb nichts übrig, was die Gravitationskraft daran hätte hindern können, die Materie zusammenzuziehen.

So hemmt die Wechselwirkung zwischen Strahlung und Materie die Entfaltung von Prozessen, die vor dem fünfhunderttausendsten

Jahr zur Bildung von Galaxien hätte führen können. Dies erweist sich als ein wichtiges Problem wegen…

Grund Nr. 2:
Galaxien haben keine Zeit gehabt,
sich zu bilden
Die Gravitation ist die große destabilisierende Kraft im Universum. Sie ist immer anwesend und stets wirksam in ihrem Bestreben, Materie zusammenzuziehen. In gewissem Sinne kann man sich die gesamte Geschichte des Universums als einen verzweifelten und letztlich vergeblichen Versuch vorstellen, die Schwerkraft zu überwinden. Angesichts ihrer Allgegenwart wäre es erstaunlich, wenn sie keine bedeutende Rolle bei der Bildung der Galaxien gespielt hätte.

Nehmen wir an, das Universum hätte als gleichmäßig verteilte Materieansammlung begonnen; die Dichte wäre an keinem Ort größer als an irgendeinem anderen gewesen. In dieser Situation könnte man damit rechnen, daß die Schwerkraft alles im Universum zu einer hypothetischen zentralen Riesensonne zusammenzöge. Man kann sich das zwar vorstellen, aber es wäre falsch.

Das Problem besteht darin, daß es in jeder Ansammlung von Materie, wie gleichmäßig sie auch verteilt sein mag, irgendwo geringfügige Konzentrationen gibt. Selbst wenn wir ein Mikroskop benutzen müssen, um sie zu finden, wird die zufällige Bewegung der Atome schließlich zu einem Zustand führen, wo es an einigen Stellen zu einem geringen Überschuß an Atomen kommt und an anderen Stellen ein kleines Defizit entsteht.

Es fällt nicht schwer, sich auszumalen, was als nächstes passiert. Zu einem bestimmten Zeitpunkt häuft sich aufgrund atomarer Bewegung oder aus anderen Gründen irgendwo ein wenig zusätzliche Materie an. Wegen des vorübergehenden Materieüberschusses an dieser Stelle ist die von dort ausgeübte Schwerkraft größer als die anderer Stellen in der Umgebung. Folglich wird auch mehr Masse in die Gegend der ursprünglichen Konzentration gezogen. Mit diesem Zuwachs an Masse verstärkt sich deren Gravitationswirkung wei-

74 Fünf Gründe, warum Galaxien nicht existieren können

ter, und sie wird entsprechend mehr Materie anziehen können. Wie gleichmäßig auch immer die ursprüngliche Verteilung ist – bildet sich erst einmal die kleinste Konzentration, wird der ursprünglich gleichmäßige Massebrei in Teile zerfallen, die sich jeweils um eine der ursprünglichen Massenkonzentrationen herum aufbauen. Der britische Astrophysiker Sir James Jeans wies in den zwanziger Jahren zum ersten Mal auf diese der Masse und der Gravitation zwangsläufig innewohnende Instabilität hin.*

Dies scheint auf den ersten Blick ein Hoffnungsschimmer zu sein. Das Universum *muß* sich also in kleine Masseneinheiten aufspalten, und mit etwas Glück könnten sich diese Einheiten als Galaxien erweisen. Und könnte nicht dieses Ergebnis, das sich ja auf ein nichtexpandierendes Universum bezieht, auch für die Hubble-Expansion gelten? Ganz so einfach ist das Problem leider nicht. Dieselbe Theorie, der zufolge eine gleichmäßige Verteilung von Materie unstabil gegenüber einer Aufspaltung in kleine Stücke ist, gibt auch die Länge des Aufspaltungsprozesses an.

Es läuft schließlich auf folgende Frage hinaus: Könnten die Gravitationskräfte nach der Entkopplung von Strahlung und Materie schnell genug Materie in Klumpen von Galaxiengröße zusammenziehen, bevor die Hubble-Expansion alles außer Reichweite trug? In den dreißiger Jahren stellte sich zum Entsetzen vieler Astronomen heraus, daß diese Frage mit einem klaren «Nein!» beantwortet werden muß. Jener Mechanismus, mit dem man die besten Aussichten verband, die Bildung von Galaxien zu erklären – die gerade beschriebene Schwerkraftinstabilität –, funktioniert in einem sich ausdehnenden Universum nicht. Vielleicht war es diese Erkenntnis, die Jeans später dazu veranlaßte, ein Universum vorzuschlagen, wo in den leeren Räumen, die die galaktische Ausdehnung zurückge-

---

* In Wirklichkeit bewies Jeans, daß eine Schwerkraft ausübende Masse nicht stabil genug ist, um eine Aufspaltung in Stücke von einer gewissen Größe zu verhindern. Nur wenn eine Masse kleiner ist als der kleinste Brocken, in die sie aufgeteilt werden könnte, bleibt sie stabil; sonst wird sie aufgespalten.

lassen hat, ständig Materie erzeugt wird. In diesem Modell stellt sich die Bildung der Galaxien als kontinuierlicher Prozeß dar, der auf keine bestimmte Zeit in der Geschichte des Universums beschränkt ist. Jeans' Steady state-Theorie, wie man sie später nannte, mußte schließlich angesichts der überzeugenden Beweise für den Urknall aufgegeben werden (siehe Kapitel 3).

Somit kann das Problem der Galaxienbildung folgendermaßen formuliert werden: Bevor sich die Strahlung nicht von der Materie entkoppelt hat, können sich keine Galaxien bilden. Wäre jedoch der einzige in Frage kommende Mechanismus die Jeanssche Schwerkraftinstabilität, wäre die gesamte Materie außer Reichweite getragen worden, bevor sich irgend etwas hätte ansammeln können, das unseren heutigen galaktischen Massen vergleichbar wäre. Zwischen der Entkopplung und dem Moment, von dem an Materie zu dünn verteilt ist, liegt ein nur enges «Zeitfenster». Ein akzeptabler Mechanismus für die Galaxienbildung muß daher schnell genug funktionieren, um in diesen kurzen Zeitraum zu passen.

Ein Ausweg bietet sich von selbst an. Wenn wir nicht auf den Aufbau der zufälligen atomaren Dichteschwankungen warten müßten und wenn wir zudem irgendeinen Weg fänden, dem Gravitationskollaps einen «fliegenden Start» zu verschaffen, könnte es uns gelingen, die Galaxienbildung in der vorgesehenen Zeit stattfinden zu lassen. Eine Möglichkeit liegt darin, irgendeinen anderen physikalischen Prozeß ausfindig zu machen, der zur Entstehung der Massenkonzentrationen geführt haben könnte, etwa Turbulenzen in den Gaswolken nach der Bildung der Atome. Leider führt uns diese Argumentation zu…

Grund Nr. 3:
Auch mit Turbulenz
kommen wir nicht weiter

Der «fliegende Start durch Turbulenz» ist eine einfache Vorstellung, deren erste Versionen um 1950 formuliert wurden. Diese Annahme lautet folgendermaßen: Ein so heftiger und chaotischer Pro-

76 Fünf Gründe, warum Galaxien nicht existieren können

zeß wie die frühen Stadien des Urknalls kann gar nicht zu einer gleichmäßigen Verteilung der Materie geführt haben. Der Urknall ähnelt nicht etwa einem tiefen, ruhigen Fluß, sondern vielmehr einem Wildbach mit schäumenden Wellen und Turbulenzen. In einem solchen chaotischen Geschehen kommt es mit Sicherheit zu einem Strudel von Gaswirbeln. Nach dieser Theorie ist ein Wirbel letztlich eine Jeanssche Massenkonzentration, die aufgrund ihrer Anziehungskraft Materie aus der Umgebung anzieht. Ist der Wirbel groß genug, kann er eine Masse von der Größenordnung einer Galaxie zusammenziehen, bevor sie die Gelegenheit hat, sich aufzulösen. Dann ist die Masse so groß, daß sie von der Schwerkraft zusammengehalten wird, auch wenn es den Wirbel selbst nicht mehr gibt.

Das hört sich großartig an, doch gibt es ein paar Schwierigkeiten. Zunächst einmal ist ein Wirbel, der sich vor der Fünfhunderttausendjahrmarke bildet, immer noch eine Massenkonzentration und wird, wie jede andere Massenverdichtung auch, vom Strahlungsdruck auseinandergerissen («geglättet»). Folglich können die turbulenten Wirbel als Verdichtungskerne für die Galaxien erst nach der Bildung von Atomen in Erscheinung treten. Dies bedeutet, daß die sich direkt nach dem Einfrieren der Atome bildenden Wirbel mit der größten Wahrscheinlichkeit zu Galaxien führen, da sie die meiste Zeit zum Ansammeln von Materie haben. Waren diese Wirbel groß genug, könnten sie tatsächlich die heute sichtbaren Galaxien hervorgebracht haben. Wir könnten also einfach annehmen, es habe in der Ära des Ausfrierens Wirbel in Galaxiengröße (oder annähernder Galaxiengröße) gegeben.

Doch dieser Ansatz wirft ein monströses philosophisches Problem auf. Wir können die sichtbaren Galaxien betrachten, von den Beobachtungen ausgehend auf ihre zurückliegende Entwicklung schließen und eine Reihe turbulenter Wirbel postulieren, die die Galaxien hervorgebracht haben. Doch ist das keine Lösung für das Problem. Wir formulieren nur die alte Frage neu und treten dabei einen Schritt zurück. Statt «Warum sind die Galaxien so, wie sie sind?» lautet sie nun: «Warum waren die Wirbel so, wie sie waren?» Kein großer Fortschritt, oder?

Jedenfalls erwies sich auch die Idee, die Entstehung der Galaxien auf Turbulenzen zurückzuführen, als Irrweg. Die Lebenszeit der Wirbel – die Dauer ihrer strudelnden Existenz – reicht nicht aus, um jene Arten von Galaxien hervorzubringen, die wir sehen können. Der Ansatz wurde Mitte der siebziger Jahre aufgegeben.

Grund Nr. 4:
Die Galaxien hatten nicht die Zeit,
Haufen zu bilden

Womöglich stoßen wir einfach deshalb auf Schwierigkeiten, weil unser Blick auf das Galaxienproblem zu beschränkt ist. Vielleicht sollten wir uns die Verhältnisse in einem größeren Maßstab ansehen und darauf hoffen, daß sich die Entstehungsgeschichte einzelner Galaxien von selbst erledigt, wenn wir verstehen, wie sich die Galaxienhaufen gebildet haben. Diese Idee führt uns natürlich zu der Frage, wie in der Frühzeit des Universums so außerordentlich große Massenansammlungen entstanden sein können. Eine der einfachsten Vorstellungen über den Zustand des Universums zum Zeitpunkt der Atombildung ist die Annahme, daß, ungeachtet aller anderen Ereignisse, auf jeden Fall überall die Temperatur gleich war. Dies ist das sogenannte isotherme Modell. Es entspricht der Vermutung, die Strahlung im frühen Universum habe sich gleichmäßig ausgebreitet, ob die Materie nun zusammengeklumpt war oder nicht.*

Arbeitet man die mathematischen Konsequenzen des isothermen Modells heraus, stellt man fest, daß sich die verschiedenen Massenkonzentrationen, die sich im frühen Universum gebildet haben,

---

* Vielleicht ist Ihnen der Zusammenhang zwischen konstanter Temperatur und gleichmäßig verteilter Strahlung nicht ohne weiteres ersichtlich, doch wäre eine zu große Abschweifung nötig, um ihn zu erklären. Nehmen Sie es einfach als gegeben hin.

78 Fünf Gründe, warum Galaxien nicht existieren können

sehr leicht beschreiben lassen. Herrscht überall die gleiche Temperatur, bringen gewöhnliche Zufallsfluktuationen Massenverdichtungen aller Größenordnungen hervor. Sie hätten keine Schwierigkeiten, Konzentrationen von der Größe eines Planeten, eines Sterns, einer Galaxie, eines Galaxienhaufens und so weiter zu finden. Es tauchen also, wie Astrophysiker sagen, Massenkonzentrationen jeden Maßstabs auf.

Dieses Modell liefert eine besonders einfache Lösung des Galaxienproblems, weil die kleinsten Massenkonzentrationen schneller als die größeren anwachsen. Die ersten Objekte, die stark durch Ansammeln wachsen, sind relativ klein, sogenannte Protogalaxien, die jeweils etwa eine Million Sterne enthalten. Diese Protogalaxien ballen sich dann unter dem Einfluß der Schwerkraft zu ausgewachsenen Galaxien zusammen, die sich ihrerseits wiederum zu Haufen und Superhaufen gruppieren. In diesem Modell baut sich das Universum selbst «von unten her» auf.

Der einzige Haken dabei ist, daß für ein gemächliches Anhäufen unter dem Einfluß der Schwerkraft seit dem Augenblick der Schöpfung nicht genügend Zeit blieb. Dennoch gibt es, wie wir in Kapitel 5 im Detail sehen werden, ein paar recht große und komplexe Ansammlungen von Galaxien. Daraus müssen wir schließen, daß die Temperatur des Universums nicht während des gesamten Entkopplungsprozesses konstant gewesen sein kann.

Dieses Argument ist, streng betrachtet, gar keines gegen die Existenz von Galaxien. Es demonstriert lediglich, daß unter der Voraussetzung, die Strahlung sei im frühen Universum gleichmäßig verteilt (isotrop) gewesen, Galaxien nicht existieren könnten. Diese Voraussetzung ist aber – obwohl sie vernünftig erscheint – kein ehernes Gesetz. Da sie Probleme bereitet, steht es uns frei, etwas anderes auszuprobieren – zum Beispiel die Annahme, die Strahlung im frühen Universum sei *nicht* gleichmäßig verteilt gewesen. Wir greifen also diesen Punkt auf und kollidieren heftig mit…

Grund Nr. 5:

Wenn die Strahlung ebenso wie die Materie ungleichmäßig verteilt ist und sich die Materie zu Galaxien zusammenfindet, kann die Hintergrundstrahlung nicht so herauskommen, wie wir sie beobachten

Wäre die Strahlung, unabhängig von der Materie im Universum, nicht gleichmäßig verteilt gewesen, wo hätte sie dann gesteckt haben können? Einem Standardverfahren theoretischer Physiker folgend, gehen wir zunächst vom Gegenteil aus. Wir nehmen also an, daß im frühen Universum Materie und Strahlung zusammengeballt waren. Demzufolge hätte man bei jeder Massenkonzentration auch eine Strahlungskonzentration gefunden. In der Fachsprache der Physiker wird diese Situation «adiabatisch» genannt. Sie tritt immer dann auf, wenn sich die Verteilungen in einem Gas so schnell verändern, daß Energie nicht ohne weiteres von einem Punkt zum anderen übertragen werden kann.

Wir wissen, daß sich die Materie im Universum zur Zeit der Atombildung in einzelnen Verdichtungen abgesondert haben muß, um Galaxien zu erzeugen. Ich nannte dies «dem Prozeß einen fliegenden Start verschaffen». Eine notwendige Begleiterscheinung unter adiabatischen Bedingungen wäre, daß auch die Strahlung nicht isotrop, sondern in ungleichförmiger Dichteverteilung die weitere Entwicklung begonnen haben müßte.

Doch steht dieses Ergebnis in offenem Widerspruch zu einer der bemerkenswertesten Tatsachen, die uns über das Universum bekannt sind. Wenn Sie die Intensität der Hintergrundstrahlung aus einer Richtung des Himmels mit der Intensität vergleichen, mit der sie aus der entgegengesetzten Himmelsrichtung auf die Erde fällt, werden Sie feststellen, daß beide Internsitäten nahezu exakt identisch sind. Es spielt keine Rolle, in welcher Richtung Sie in den Himmel schauen. Die einfallende Hintergrundstrahlung ist, bis zur Genauigkeit von einem Promille, überall identisch. Aus dieser erstaunlichen Gleichmäßigkeit schließen wir, daß die Strahlung im gesamten Universum sehr gleichförmig verteilt gewesen sein muß, als sie sich von der Materie entkoppelte.

Dies alles läuft schließlich auf folgendes hinaus: Die Gleichmäßigkeit des Mikrowellenhintergrunds ist dem, was der Prozeß der Galaxienbildung eigentlich von ihm verlangt, diametral entgegengesetzt. Für diesen Prozeß ist erforderlich, daß Strahlung und Materie beide ungleichförmig verteilt waren. Wenn die Materie also zur Zeit der Bildung von Atomen schon zusammengeballt war, müßten heute Spuren dieser Zusammenballung in der kosmischen Hintergrundstrahlung vorhanden sein. Die beobachtete Gleichmäßigkeit des Mikrowellenhintergrunds deutet aber darauf hin, daß die Strahlung niemals so große Dichteunterschiede aufgewiesen haben kann. Wäre dies der Fall gewesen, wäre sie heute nicht so gleichmäßig. Nachdem detaillierte Berechnungen angestellt worden sind, gilt es als erwiesen, daß es unmöglich ist, diese beiden widersprüchlichen Erfordernisse in Einklang zu bringen. Die Mikrowellenstrahlung kann nicht zur selben Zeit gleichmäßig und ungleichmäßig sein.

Was nun?

Dieses Für und Wider der Argumente zeigt recht deutlich, daß wir ein Universum voller Galaxien nicht als selbstverständlich betrachten können. Das Universum zu erklären hat sich als weitaus schwieriger erwiesen, als man zu Hubbles Zeiten annahm. Doch hat unsere Untersuchung gescheiterter Theorien auch ein paar der Elemente zum Vorschein gebracht, die in einer korrekten Theorie der Galaxienbildung enthalten sein müssen.

Wir wissen, daß Galaxien sich niemals bilden können, wenn sie auf die Entkopplung der Materie von der Strahlung warten müssen. Der Gravitationskollaps, den eine gleichmäßige Materieverteilung hervorruft, ist zu langsam, um der Hubble-Expansion entgegenzuwirken. Daraus folgt, daß aus der Entkopplung Galaxien hervorgegangen sein müssen, die bereits weitgehend vollständig waren. Sie brauchen nicht vorgeformt gewesen zu sein, doch muß das Universum zumindest «Keime» zu irgendeiner Art von Massenkonzentration gehabt haben, die den Prozeß des Gravitationskollapses auslösen konnten. Diese Konzentrationen wirkten wie die Staubpartikeln, um die sich in der Atmosphäre Regentropfen bilden – sie wären also die Kondensationskerne für die Galaxien.

Um ihre Aufgabe im richtigen Moment erfüllen zu können, müssen diese Kerne zu irgendeinem frühen Zeitpunkt in der Entwicklung des Urknalls entstanden sein und bis zur Fünfhunderttausendjahrmarke überlebt haben. Aufgrund der auf Seite 70 ff ausgeführten Argumente (Grund Nr. 1) wissen wir, daß dies gewöhnlichen Materieansammlungen niemals gelänge. Sie würden, lange bevor sie als Kondensationskerne für Galaxien dienen könnten, vom Strahlungsdruck geglättet werden. Welche Art von «Keim» auch immer in dieser frühen Phase entstand, er muß über lange Zeiträume hinweg gegen das heftige «Rütteln» der Strahlung gefeiht gewesen sein. Die «Keime» müssen daher aus irgendeiner Materie bestehen, die nicht stark mit Strahlung in Wechselwirkung tritt. Wie wir im siebten Kapitel sehen werden, läßt uns genau dieser Aspekt hoffen, aus all den verschiedenen Zwickmühlen herauszufinden, die ich beschrieben habe.

Ein wichtiger Hinweis noch, bevor ich mich diesem Thema zuwende: Die Gründe 4 und 5 sprechen sehr dafür, daß das Galaxienproblem in Wirklichkeit nur ein kleiner Bestandteil eines viel größeren Zusammenhanges ist, nämlich der Frage nach der großräumigen Struktur des Universums. Deshalb will ich die Anordnung der Galaxien etwas detaillierter erörtern, bevor ich auf neuere Lösungsvorschläge zur Galaxienfrage zu sprechen komme.

Fünf

Blasen und Superhaufen

> And I know that my life's been a failure
> Watching the bubbles in my beer.
>
> *Country & Western-Song*

Das Art Institute of Chicago besitzt eine der größten Sammlungen französischer Malerei des späten neunzehnten Jahrhunderts. Zu den populäreren Werken, die man dort betrachten kann, gehört ein großes Gemälde von George Seurat. Es heißt «Ein Sonntagnachmittag auf der Grande-Jatte» und stellt Pariser Bürger dar, die in einem Park an der Seine den Tag genießen. Seurat benutzte eine für die damalige Zeit – das Bild entstand um 1885 – recht ungewöhnliche Maltechnik, die Pointillismus genannt wird. Statt auf übliche Weise mit dem Pinsel über die Leinwand zu fahren, berührte er sie nur mit der Pinselspitze. So kommt ein Bild zustande, das aus einer Vielzahl kleiner Farbtupfer besteht.

Aufgrund dieser Technik wird das Betrachten des Gemäldes zu einem frappierenden Erlebnis. Aus einiger Entfernung sieht man das Motiv – eine Landschaft mit Menschen. Wenn Sie jedoch näher herantreten, verschwindet die Szene, und Sie sehen Tausende farbiger Flecke auf einer Leinwand. Treten Sie wieder ein wenig zurück, zeigt sich das «Bild im ganzen» – die Flecken lösen sich zu glatten, sanft ineinanderfließenden Elementen einer Komposition auf.

Seurats Gemälde liefert eine nützliche Analogie zu einer Ansicht über die Struktur des Universums, an der Astronomen sehr hängen: daß es sich als glatt und homogen erweise, wenn wir es in einem

Das Universum ist inhomogen 83

genügend großen Maßstab betrachten. Seit Einstein haben führende Kosmologen immer wieder für diese These plädiert.

In Wirklichkeit jedoch ist das uns bekannte Universum klumpig und inhomogen. In unserer unmittelbaren Nachbarschaft besteht es zum größten Teil aus leerem Raum, unterbrochen nur von der Sonne, den Planeten und den Felsstückchen, die wir Asteroiden nennen. Schauen wir weiter hinaus, finden wir ein Universum vor, in dem die sichtbare Masse zu Galaxien zusammengeballt ist. Diese sind durch große Entfernungen voneinander getrennt und gruppieren sich selbst wiederum zu sogenannten Galaxienhaufen. Sosehr wir uns auch bemühen, es gibt anscheinend keine Möglichkeit, zu einer so umfassenden Ansicht der Schöpfung zu gelangen, daß sich uns eine einfache, glatte Struktur zu erkennen gibt. Es sieht so aus, als könnten wir nicht weit genug vom Gemälde zurücktreten.

Wissenschaftler sind über diesen Zustand irritiert. Stets bin ich mir vage der Vorliebe meiner Kollegen für Homogenität bewußt gewesen, doch bis zur Konzipierung dieses Buches habe ich nicht viel darüber nachgedacht, was sie dazu bewegt. Ich glaube nicht, daß die Gründe den Voraussetzungen analog sind, die die Griechen den Geozentrismus bevorzugen ließen, denn Wissenschaftler sind ja durchaus in der Lage, Inhomogenität dort zu erkennen, wo es sie gibt, und mit ihr umzugehen, wenn es sein muß. Es ist nur so, daß sie im tiefsten Innern hoffen, die Inhomogenität möge auf irgendeiner Stufe aus dem Universum verschwinden, so wie sich die Punkte auflösen, wenn man weit genug von Seurats Gemälde zurücktritt.

Zum Teil sind die Gründe für diese Tendenz historischer Natur. Physik und Astronomie entwickelten sich aus dem Studium homogener Systeme, die zweifellos am leichtesten zu handhaben sind. Selbst wenn Wissenschaftler sich mit Systemen beschäftigen, die aus diskret (voneinander abgegrenzten) Einheiten bestehen, wie etwa Galaxien oder Atome, ziehen sie es vor, die Körnung zu ignorieren und so zu tun, als sei die Struktur glatt. Dieser Umgang mit der Natur hat einen enormen Vorteil: er funktioniert. Täte er das nicht, hätten Ingenieure keine Dampfmaschine oder Pipeline bauen können, bevor die Atomtheorie entwickelt war. Normalerweise können wir die Tatsache, daß Wasser aus Atomen besteht, ignorieren und es so behandeln, als sei es ein Kontinuum. Jedem, der ein naturwissenschaftliches Fach studiert, wird diese Tatsache gleich zu Beginn der Ausbildung eingeschärft. Daher ist es kein Wunder, daß wir eine – wenn auch nostalgische – Schwäche für jene Zeiten entwickelt haben, als noch alles gleichmäßig und glatt war, und an der Hoffnung festhalten, unser Universum werde letztendlich doch noch in die vertraute Gußform passen.

Dieses Vorurteil überlebte die Entdeckung der Galaxien. Stets war es möglich zu glauben, wir stünden noch immer zu nahe vor dem Bild. Doch seit den späten siebziger Jahren ist es zunehmend schwieriger geworden, diesen Glauben aufrechtzuerhalten. Während wir das Universum in immer größeren Maßstäben betrachten, gelingt es uns nicht, ein einfacher werdendes System zu erkennen. Im Gegenteil: Wir sehen ein Universum, das bis zu den größten für uns erreichbaren Maßstäben komplex zu bleiben scheint. Zwei Entdeckungen machten den Wissenschaftlern diesen Punkt eindrucksvoll klar: die 1978 einsetzende Entdeckung einer Reihe sehr großer galaktischer Superhaufen und, 1981, die Entdeckung der Leerräume.

Galaxienhaufen und Superhaufen

Ich habe bereits einen der wichtigsten strukturellen Grundzüge des Universums angesprochen – die Tatsache nämlich, daß Galaxien nicht zufällig im Raum verteilt, sondern zu Galaxienhaufen angeordnet sind. Die ersten ernsthaften Untersuchungen der Haufen führte 1958 der inzwischen verstorbene George Abell vom California Institute of Technology durch. Anhand von Fotografien, die das Mount Palomar Observatorium lieferte, identifizierte er 2712 Galaxiengruppierungen, die man heute Abell-Galaxienhaufen nennt.

Es handelt sich um Strukturen, in denen sich viele Galaxien in unmittelbarer Nähe zueinander befinden. Mehr als die Hälfte aller uns bekannten Galaxien sind zu Haufen verschiedener Größen verbunden.

Die Milchstraße gehört zum Beispiel zu einem Galaxienhaufen, den Astronomen die «Lokale Gruppe» nennen. Er enthält die Milchstraße und den Andromedanebel, zwei gewaltige Galaxien, die die Rolle von Schwerkraftankern spielen, sowie mindestens zwanzig weitere, kleinere Galaxien, die sie im Schlepptau führen. Die gesamte Anhäufung hat einen Durchmesser von ungefähr drei Millionen Lichtjahren. Gemessen an der Größe eines Galaxienhaufens ist das nicht gerade sehr eindrucksvoll. Einige der größeren enthalten viele tausend Galaxien.

Die Entdeckung der großräumigen Struktur

Die Geschichte, die in diesem Abschnitt erzählt werden soll, kann ganz einfach auf den Punkt gebracht werden: Fast die gesamte Menge leuchtender Materie im Universum – die Materie also, die wir sehen können – ist in Galaxien-Superhaufen enthalten. Diese Superhaufen ähneln langen Fäden, an denen Galaxienhaufen wie Perlen an einer Halskette aufgereiht sind. Die Räume zwischen diesen Superhaufen, Leerräume oder Lücken genannt, sind relativ frei von leuchtender Materie, wie wir bald sehen werden.

Die Idee, daß Superhaufen existieren könnten, kam mit der oben erwähnten Arbeit von George Abell auf. Obwohl es sich nicht um eine Hauptforschungsrichtung handelte, wurden in den sechziger und frühen siebziger Jahren doch kontinuierlich Versuche unternommen, mit Hilfe einer dem Abellschen Verfahren ähnlichen Methode die großräumige Struktur des Universums zu ergründen. 1967 veröffentlichten Donald Shane und Carl Wirtanen vom Lick Observatorium in Kalifornien einen Katalog mit den Positionen von einer Million Galaxien – die bei weitem umfangreichste Ver-

86 Blasen und Superhaufen

messung, die je unternommen wurde. Die beiden Wissenschaftler werteten Tausende von Fotografien aus und hielten die darauf sichtbaren Positionen der Galaxien fest.

Stellen Sie sich vor, Sie seien mit der Aufgabe betraut worden, die Stadtpläne aller europäischen Großstädte zu untersuchen und dabei die Lage jeder wichtigen Straßenkreuzung zu notieren. Ein solches Unterfangen gliche der Arbeit, die Shane und Wirtanen leisteten. Kein Wunder, daß sie zwölf Jahre dafür brauchten! Der Legende zufolge dachten sie sich alle möglichen Schliche aus, um inmitten all der anderen Verpflichtungen mit dem Zählen fortfahren zu können. Wirtanen soll als Laborleiter sogar in der Lage gewesen sein, an einer Fotografie zu arbeiten, während er eines jener endlosen Telefongespräche führte, mit denen sich Verwaltungschefs als Gegenleistung für ihre schicken Büros abfinden müssen.

Auf der Basis der von Shane und Wirtanen ermittelten Daten stellten P. J. E. («Jim») Peebles und seine Mitarbeiter an der Princeton University eine Karte des Universums zusammen – das erste Bild vom Weltall im großen Maßstab. Als solches hat sie sich weitreichender Popularität erfreut. Sie taucht in Lehrbüchern aller Art und als Plakat in Astronomieseminaren auf. Selbst als Design für eine Suppenschüssel wurde sie bereits vermarktet. Aus unserer Sicht ist die Karte deshalb so eindrucksvoll, weil sie sehr deutlich die Struktur des Universums, in der sich Fäden zu leichten Netzen zusammenfügen, zu zeigen scheint.

Doch das Aussehen kann täuschen. Als Peebles' Karte erstmals veröffentlicht wurde, entstand unter den Astronomen eine große Debatte darüber, wie man sie interpretieren sollte. Da die Fotografien, auf denen die Karte beruht, zweidimensionale Abbilder des Himmels sind, kann niemand dafür garantieren, daß die anscheinend an einem Faden aufgereihten Galaxien auch wirklich miteinander verbunden sind. Es könnte sein, daß sie, von der Erde aus gesehen, lediglich in der gleichen Blickrichtung liegen und darüber hinaus nichts miteinander zu tun haben.

Noch eine weitere aufschlußreiche Tatsache könnte hinsichtlich

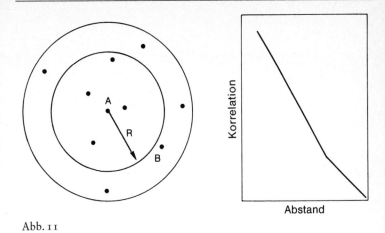

Abb. 11

der «Millionen-Galaxien-Karte» von Bedeutung sein. Sie berührt einen Aspekt des menschlichen Gehirns, der wenig beachtet wird: Auge und Hirn sind darauf abgestimmt, Muster in unserer Umgebung zu erkennen. Unseren entfernten Vorfahren, den Primaten, kam diese Fähigkeit bei vielen Verrichtungen zugute, etwa beim Sammeln eßbarer Früchte, die in Blätterbüscheln versteckt waren. Dieses Erbe hat sich bis heute erhalten. Hinsichtlich der Fähigkeit, Muster zu sehen, kann es kein bisher konstruierter Computer mit einem dreijährigen Kind aufnehmen. Sie ist bei uns so ausgeprägt, daß wir häufig auch dort Muster entdecken, wo gar keine sind!

Denken Sie an den Rorschach-Test. Er wurde von Psychiatern entwickelt, um Einblicke in die Persönlichkeitsmerkmale eines Menschen zu erhalten. Er besteht aus einer Reihe von Karten, die strukturlose Tintenkleckse zeigen. In diese projiziert jeder Patient seine eigenen Muster, die den Psychiatern Aufschluß über die jeweilige psychische Verfassung geben. Und nun zurück zur Galaxienkarte. Was sollen wir mit dem Muster filigraner Netze anfangen? Ist es wirklich vorhanden, oder hat uns das Universum einen Rorschach-Test von riesigen Ausmaßen beschert?

88 Blasen und Superhaufen

Dies ist keine abstrakte philosophische Frage – man kann sie tatsächlich beantworten, indem man ein wenig einfache Statistik betreibt. Abbildung 11 (links) veranschaulicht, was ich meine. Richten Sie Ihr Augenmerk auf eine einzelne Galaxie, zum Beispiel auf A. Nun zählen Sie bitte, wie viele andere Galaxien innerhalb der Entfernung R von A liegen. In der Zeichnung sind es vier. Sie können diese Zählung nun, in immer größere Entfernungen blikkend, mit verschiedenen Werten für R wiederholen. Die konzentrischen Kreise in der Abbildung symbolisieren diese Operation. Haben Sie diese Arbeit für Galaxis A beendet, wenden Sie sich einer anderen zu, etwa B, und wiederholen den Vorgang. Fertig sind Sie erst, wenn Sie dies für möglichst alle zur Ansammlung gehörenden Galaxien durchgeführt haben.

Ist diese Aufgabe beendet – es erübrigt sich wohl, zu erwähnen, daß sie von einem Computer ausgeführt wird –, liegt Ihnen etwas vor, das Mathematiker eine Autokorrelationsfunktion nennen. Sie gibt an, wie hoch die Wahrscheinlichkeit ist, daß zwei Galaxien in einem bestimmten Abstand zueinander liegen. Ausgehend von dieser Wahrscheinlichkeit interpretieren Sie die Galaxienkarte folgendermaßen:

Ist die Wahrscheinlichkeit für kleine Werte von R groß, bedeutet dies, daß Galaxien vermutlich nahe beieinander liegen, was wiederum ein Indiz für eine Haufenbildung, ein Clustering, wäre. Falls kein bestimmter Wert von R eine auffallend größere Wahrscheinlichkeit hat als jeder anderer Wert, sind die Galaxien mehr oder weniger wahllos im ganzen Raum verteilt. Das hieße: keine Haufenbildung. In Abbildung 11 (rechts) ist eine Autokorrelationsfunktion für den von Shane und Wirtanen erarbeiteten Lageplan skizziert. Sie zeigt deutlich die Effekte der Haufenbildung, die nämlich bei kleinen Werten für R am größten ist. Da dieser Test nicht von menschlicher Wahrnehmung abhängt, können wir die Möglichkeit eines kosmischen Rorschach-Tests mit Sicherheit ausschließen.

Bevor wir fortfahren, will ich darauf hinweisen, daß erst kürzlich ein gewichtiger Streit um einen anderen Aspekt der Vermessung von Shane und Wirtanen ausgebrochen ist. Hauptkritikerin ist Margaret Geller vom Harvard-Smithsonian Center for Astrophysics. Ihre Argumentation geht von der Tatsache aus, daß Shane und Wirtanen den Himmel in Quadrate zerlegt und diese dann untereinander aufgeteilt hatten, so daß jeder Forscher nur jedes zweite Quadrat bearbeitete. Wenn sich nun, so Geller, bei der Auswertung der Fotografien die Kriterien des einen Beobachters von denen des anderen unterschieden – wenn beispielsweise der eine einen verschwommenen Fleck für eine Galaxie gehalten hätte und der andere nicht –, wäre das Ergebnis ein Muster aus abwechselnd hellen und dunklen Flecken auf der Galaxienkarte. Ein solches Muster könnte dann leicht eine fadenförmige Struktur vortäuschen.

Verteidiger des Lageplans, vor allem P. J. E. Peebles, haben mit einer Reihe komplexer, sehr in fachliche Einzelheiten gehender Berechnungen gekontert. Die ganze Frage scheint in einem Sumpf von Statistik und Mathematik zu versinken, die nur für Experten von Interesse sind. Ich erwähne den Konflikt nur, um zu betonen, wie schwierig es ist, eine endgültige Antwort auf die Frage nach der Struktur des Universums im großen Maßstab zu geben, solange man sich der herkömmlichen fotografischen Technik der traditionellen Astronomie bedient. Diesen Punkt sollten Sie im Auge behalten, wenn ich in einem späteren Teil dieses Kapitels auf den Vorschlag zu sprechen komme, die Rotverschiebung zu messen. Wie wir noch sehen werden, liefern diese Untersuchungen zuverlässigere Resultate für die Anordnung der Galaxien im All.

Seit den späten siebziger Jahren sind durch umfassende Messungen der Rotverschiebung von Galaxien mehr als ein Dutzend langer, fadenartiger Strukturen aufgespürt worden, die Superhaufen genannt werden. Der größte von ihnen – und somit überhaupt die größte der heute bekannten Strukturen im Universum – erstreckt sich über die Sternbilder Perseus und Pegasus, die im Herbst und frühen Winter am Abendhimmel zu sehen sind. Abbildung 12 zeigt eine Skizze dieses Superhaufens, die auf einem von David Ba-

Blasen und Superhaufen

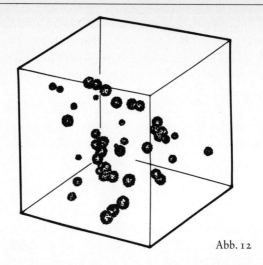

Abb. 12

tuski an der University of Arizona geschaffenen Modell beruht. Es besteht aus 43 Galaxienhaufen, die ein Netz von Fäden bilden. Fäden und Netz selbst sind von riesigen Leerräumen umgeben.

Was mich an dieser Abbildung am meisten fasziniert, ist nicht die präzise Form des Superhaufens, sondern seine Größe. Er erstreckt sich eine ganze Milliarde Lichtjahre über den Himmel – einen ansehnlichen Bruchteil der Gesamtgröße des Universums. Die Tatsache, daß wir bereits Gebilde dieser Größenordnung entdeckt haben, gibt mir guten Grund zu der Prognose, daß das Universum auch bis zu den Grenzen unserer Beobachtungsfähigkeit so bleiben wird, wie es sich heute unserem Blick darbietet: inhomogen und von fadenförmigen Strukturen durchzogen. Es besteht wenig Hoffnung, daß sich in einer Entfernung von einer Milliarde Lichtjahren plötzlich Homogenität einstellen wird.

Ist der Perseus-Pegasus-Superhaufen die größte Struktur im Universum? Alle bisher durchgeführten Untersuchungen liegen innerhalb einer Distanz von einer Milliarde Lichtjahren zur Erde. In diesem Bereich wurde kartographiert. Der Bereich bis zur Entfernung von einer Milliarde Lichtjahren bildet seinerseits beträchtlich weniger als ein Prozent des gesamten beobachtbaren Volumens des Universums. Es wäre erstaunlich, wenn wir in der Frühzeit unserer systematischen Erforschung des Weltalls, gewissermaßen noch in den Kinderschuhen steckend, gleich über das größte vorhandene Objekt gestolpert wären – selbst Anfängerglück muß seine Grenzen haben. Wir sollten also darauf gefaßt sein, auf noch größere Strukturen zu stoßen, wenn wir unsere Suche ausdehnen.

Leerräume

Leerräume sind genau das, was der Name nahelegt: große Regionen des Weltraums, in denen es entweder gar keine oder nur sehr wenige Galaxien gibt. Leerräume sind riesig groß – manchmal bis zu 250 Millionen Lichtjahre im Durchmesser. Unter normalen Umständen könnte man erwarten, ungefähr zehntausend Galaxien in einem Volumen dieser Größe zu finden; es ist also verblüffend, daß es dort keine gibt. Am überraschendsten aber scheint nicht die Existenz dieser Leerräume zu sein, sondern die Tatsache, daß sie bis 1981, als der erste Leerraum in der Konstellation Bootes (Bärenhüter) entdeckt wurde, den Beobachtungen der Astronomen entgangen ist. Wie war das möglich?

Die Antwort hat etwas damit zu tun, wie das Universum beobachtet wird. Wenn wir mit Hilfe eines Teleskops eine Aufnahme des Nachthimmels machen, erhalten wir ein zweidimensionales Bild. Jeder Stern und jede Galaxie zeigt sich als heller Fleck auf der Fotografie. Ihre Entfernung von der Erde spielt dabei keine Rolle. Entscheidend ist nur, wieviel Licht auf den Film trifft.*

---

* Ich verwende hier fototechnische Begriffe, um die Beschreibung verständlicher zu machen. Kein großes Observatorium arbeitet heute mehr mit Fotografien. Statt dessen sind seit langem elektronische Systeme im Einsatz, die Fernsehkameras ähneln. Aber dieser technische Unterschied ist für meine Argumentation ohne Belang.

92 Blasen und Superhaufen

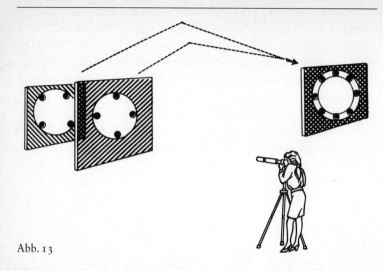

Abb. 13

Die Bedeutung des zweidimensionalen Charakters unserer Beobachtungen wird leicht verständlich, wenn Sie die in Abbildung 13 skizzierte Situation betrachten. Angenommen, irgendwo auf dem Boden stünden, ein paar Meter voneinander entfernt, zwei Lichtquellen hintereinander, die verschiedene Lichtmuster abstrahlen. Nehmen wir weiterhin an, Sie fotografierten die Lichter aus einiger Distanz. Was würde die Aufnahme wohl zeigen?

Sie würden etwas sehen, das dem im rechten Teil der Abbildung gezeigten Muster ähnelt. Die Ebenen, auf denen die beiden Lichter leuchteten, würden in der Projektion aufeinanderfallen, und Sie sähen ein einziges, gleichmäßiges Lichtphänomen auf dem Foto. Es gäbe keinen wie auch immer gearteten Hinweis auf einen Abstand zwischen den beiden Ebenen, da die Kamera sie miteinander verbindet, wenn sie das Bild zusammensetzt. Die einzige Möglichkeit, einen solchen Abstand festzustellen, läge darin, Informationen über die dritte Dimension – die Entfernung zwischen der Kamera und jedem der beiden Lichtmuster – zu bekommen. Aus der Fotografie der beiden Lichtmuster ließen sich solche Informationen schwerlich ableiten. Bei Galaxien fällt dies leichter.

Im zweiten Kapitel habe ich erläutert, welche Bewandtnis es mit der Hubble-Expansion hat: Je weiter eine Galaxie von uns entfernt ist, um so größer sind ihre Fluchtgeschwindigkeit und die Rotverschiebung des Lichts, das wir von ihr empfangen. Die Rotverschiebung liefert uns also eine Möglichkeit, die Entfernung zur Galaxie – die dritte Dimension in unserer Analogie – zu schätzen und damit ein vollständiges dreidimensionales Bild des gesamten Weltalls zu entwickeln. So können wir definitiv bestimmen, wie die großräumige Struktur aussieht.

Diese Schlußfolgerung stimmt zwar im Prinzip, doch ist ihre praktische Umsetzung leider nicht so einfach. Um ein herkömmliches zweidimensionales Bild des Universums zu erhalten, muß man lediglich ein Teleskop ausrichten, eine fotografische Emulsion belichten und das Bild entwickeln. Ein dreidimensionales Bild herzustellen, ist eine viel kompliziertere Angelegenheit: Wir müssen jede einzelne der Hunderte (oder gar Tausende) von Galaxien betrachten, die in unserem Blickfeld liegen, genügend Licht von jeder Galaxie sammeln, um ihre Rotverschiebung präzise bestimmen zu können, und dann all unsere Beobachtungsdaten mit Hilfe eines Computers auswerten. Erst dann liegt uns ein endgültiges Bild vor. Die Zusammenfassung der auf diese Weise gesammelten Daten wird Rotverschiebungs-Durchmusterung genannt. Sie ist nicht das Werk einer einzigen Nacht, sondern erfordert monate-, oft jahrelange Arbeit eines hingebungsvollen Forscherteams.

Deshalb ist es keineswegs so überraschend, daß diese Messungen erst 1981 zur Entdeckung einer großräumigen Struktur führten. Um die Rotverschiebung am ganzen Himmel zu messen, muß man einfach zuviel Arbeit investieren. Die Astronomen der University of Michigan, die das Resultat der Galaxienvermessung im Sternbild Bootes bekanntgaben, zogen es vor, eine sehr detaillierte Vermessung einer kleinen Region durchzuführen, statt sich einer vollständigen Himmelskarte zu widmen. Das Ergebnis ihrer Arbeit war die Entdeckung des größten bislang bekannten Leerraums im Universum.

Diese Blase im Bärenhüter hat einen Durchmesser von 250 Millionen Lichtjahren, und sie scheint überhaupt keine normalen Galaxien zu enthalten. Vielleicht gibt es in ihr ein paar Zwerggalaxien, doch das dürfte kaum ins Gewicht fallen. Sonst beträgt die durchschnittliche Entfernung zwischen Galaxien ein paar Millionen Lichtjahre. Wie ist es möglich, daß in einem solch riesigen Raum nur so wenige existieren?

In letzter Zeit sind Kosmologen dazu übergegangen, die Leerräume als «Hubble Bubbles» (Hubble-Blasen) zu bezeichnen. Mir gefällt dieser Name – er fängt ein wenig von dem freien Geist der modernen Kosmologie ein und ehrt zugleich den Mann, dessen Werk dies alles initiierte (wenn ich auch, ehrlich gesagt, meine Zweifel habe, ob Hubble eine ihm in dieser Form erwiesene Ehre zu schätzen gewußt hätte).

Die Nachricht von der Entdeckung des Leerraums im Sternbild Bärenhüter erregte in den Fachblättern einiges Aufsehen, während sie die Kosmologen wenig beeindruckte. Dies hat mit einer Eigenschaft von Wissenschaftlern zu tun, deren man sich in der Öffentlichkeit kaum bewußt ist: Sie nehmen eine Neuigkeit häufig ohne viel Aufhebens zur Kenntnis, da eine einzelne Entdeckung immer ein Zufallstreffer sein kann. Um sicherzugehen, wartet man lieber so lange, bis sie von einem unabhängigen Experiment bestätigt wird.

Was den Bootes-Leerraum betrifft, so konnte man dessen Existenz immer dem Zufall zuschreiben. Schließlich muß es ein paar leere Regionen geben, wenn Galaxien unregelmäßig im Weltraum verteilt sind. In einer großen Menschenmenge, die sich auf einem offenen Platz versammelt, gibt es ja auch gelegentlich leere Zwischenräume. Als ich von dem Leerraum erfuhr, verbuchte ich die Nachricht unter der Kategorie «Donnerwetter, das ist ja interessant» und wandte mich wieder meiner Arbeit zu. Allzu oft schon war ich von ein- oder zweimal auftauchenden und dann nie wiederkehrenden Meldungen aufgeschreckt worden, um noch einmal in diese Falle zu tappen.

Doch im Herbst 1985 traf die Bestätigung ein. Ein Team von Astronomen am Harvard-Smithsonian Center for Astrophysics in Cambridge, Massachusetts, gab das Resultat *ihrer* Messungen der Rotverschiebung bekannt. Sie hatten in einer völlig anderen Himmelsrichtung als das Team aus Michigan «einen Ausschnitt aus dem Himmel gesägt» und waren dennoch zum gleichen Ergebnis gekommen – das Universum sei angefüllt mit großen leeren Blasen. Seit dieser Nachricht sind die Hubble-Blasen nicht mehr aus der Kosmologie wegzudenken. Eine einzelne Blase kann man als Zufallstreffer ignorieren, doch ist die Wahrscheinlichkeit sehr gering, daß zwei tief in den Himmel hineinreichende und in verschiedenen Richtungen durchgeführte Messungen der Rotverschiebung beide rein zufällig auf Leerräume stießen, wenn diese tatsächlich nur selten vorkämen.

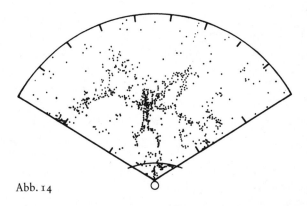

Abb. 14

Ganz besonders freue ich mich über die Form, die die in Abbildung 14 dargestellte Karte der Cambridger Vermessung hatte. Sehen Sie auch eine menschliche Gestalt darin? Ein wenig Anthropomorphismus hat noch niemandem geschadet. Auf der Karte befindet sich die Erde an der Spitze des Keils. Je weiter wir uns von der Spitze in den sich verbreiternden Teil hineinbewegen, desto größer wird die Entfernung zur Erde. In Wirklichkeit ist der Keil natürlich ein Schnitt durch ein Stück des Universums. Jeder Punkt im Diagramm stellt eine einzelne Galaxie dar, deren Standort jeweils mit den oben beschriebenen dreidimensionalen Vermessungsmethoden ermittelt wurde. In dem Zeitraum nach der Veröffentlichung dieses Ergebnisses sind weitere Rotverschiebungskataloge erstellt worden, die allesamt Beweise für die Existenz von Leerräumen liefern.

Das Weltall sieht aus wie ein Schwamm

Diese Untersuchungen führen zu einem erstaunlichen Bild vom Universum. Galaxien sind weder regelmäßig noch wahllos im Universum verteilt. Statt dessen ähnelt ein Querschnitt durch das Universum einem Schnitt durch einen Schwamm. Die feste Materie ist in einem verbindungsreichen, fadenförmigen Netzwerk angeordnet. Dazwischen liegen große Blasen, in denen keine (oder nur sehr wenig) Materie erkennbar ist. Jeder Ansatz, die Struktur des Universums zu erklären, muß diese neue Erkenntnis über die Anordnung der Materie berücksichtigen. Wie kam es dazu?

Im letzten Kapitel habe ich einige der Probleme angesprochen, auf die man stößt, wenn man zu erklären versucht, wie die Materie, im großen Maßstab betrachtet, zusammengeballt ist. Die Existenz von Leerräumen erschwert das ganze Problem erheblich. Es gibt zwei allgemeine Kategorien von Antworten auf Fragen dieser Art: jene, die den Schwerpunkt auf Ereignisse legen, die recht spät in der Geschichte des Universums stattgefunden haben, und jene, die davon ausgehen, daß Strukturen überlebt haben, die sich in einem Bruchteil der ersten Sekunde nach dem Urknall bildeten. Bei der ersten Antwortkategorie geht es im wesentlichen um die Annahme, daß sich zuerst die Galaxien bildeten, die dann später aus bestimmten Regionen hinausgetrieben wurden, wobei sie Blasen zurückließen. Bei der zweiten Kategorie geht es darum, daß sich Galaxien aus irgendwelchen Gründen nicht in den Leerräumen selbst, sondern an deren Rändern bildeten, wo sie auch heute noch erkennbar sind.

Bevor wir fortfahren, muß ich ein paar Warnungen aussprechen. Die Hubble-Blasen sind ein ziemlich neues (und umstrittenes) Thema in der Kosmologie. Die Ideen über sie flirren in jener erhitzten Atmosphäre umher, wie sie für die Pionierbereiche der Wissenschaft typisch ist. Jemand denkt sich etwas aus, das hinhauen könnte, und veröffentlicht es, was wiederum jemand anderen dazu veranlaßt, unvorhergesehene Konsequenzen dieser Ansicht aufzudecken, die nicht mit den Beobachtungsdaten in Einklang zu bringen sind. Daß neue Theorien geprüft werden sollen, finden alle richtig, aber wenn dies dann wirklich geschieht, ist es für manche nur schwer zu verdauen. Sie scheinen zu glauben, eine Theorie habe den Anspruch auf ewige Wahrheit, sobald sie verkündet sei. In Wirklichkeit ist eine Theorie nichts weiter als eine Vermutung über das Verhalten der Natur. Sie wird von Wissenschaftlern erst anerkannt, wenn sie in all ihren Konsequenzen durchdacht und gründlich überprüft worden ist. Viele der wild wuchernden Ideen, die in die Schlagzeilen geraten, überleben nicht lange, was die Leute natürlich verunsichert. Wo sind zum Beispiel die «Paralleluniversen» abgeblieben?*

Während ich dies im Frühjahr 1988 schreibe, stehen die im folgenden besprochenen Ideen bei den Kosmologen hoch im Kurs. Wenn Sie dieses Buch lesen, sind sie eventuell schon den Weg der Paralleluniversen gegangen. Sie sollten sie deshalb lediglich als Beispiele für Theorien betrachten, die gerade überprüft werden. Auf jeden Fall sind sie keine endgültigen Lösungen für die Probleme, um die es hier geht – die der Leerräume und der großräumigen Struktur.

In gewissem Sinne ist es nicht allzu überraschend, daß das Universum einem Schweizer Käse ähneln soll. Man kann keine Erde

---

* Dieser Begriff bezieht sich auf eine Vorstellung, die aus den Großen Einheitlichen Theorien (vgl. S. 61) der frühen achtziger Jahre erwuchs. Der damals in Erwägung gezogenen Version der Theorien zufolge schien der Kosmos aus einem Schaum in sich abgeschlossener Universen geschaffen zu sein, die unserem eigenen ähneln. Nachdem die Theorie in der *Time* und anderen Zeitschriften propagiert worden war, ging ihr leider die Luft aus.

98 Blasen und Superhaufen

anhäufen, ohne ein Loch zu graben. Deshalb sollte man auch mit
galaxisarmen Regionen rechnen können, wenn es Regionen gibt, in
denen sich Galaxien ballen. Kürzlich veröffentlichte ein Astrophy-
siker-Team von der Princeton University eine recht akzeptable physikalische Erklärung für die Leerräume. Es könnte, schreiben die
Wissenschaftler, nach der Bildung der Galaxien zu einer Art gigan-
tischer Explosion in einer Region des Weltraums gekommen sein.
Über die genaue Beschaffenheit und die Ursache dieser Explosion
gibt es verschiedene Ansichten. Was auch immer der Auslöser gewesen sein mag – eine Explosion könnte ohne weiteres eine massive
Schockwelle verursachen, die dann durch eine Region des Weltraums branden, dabei jegliche vorhandene Materie nach außen
schieben und die Blasenwände erzeugen würde, wie sie in Abbildung 14 sichtbar werden.

Das ist eine attraktive Idee, die eine intuitiv glaubwürdige Lösung des Problems bietet. Die Blasen sehen tatsächlich so aus, als
seien sie das Ergebnis einiger Explosionen in einem mehr oder weniger gleichförmigen Medium. Doch selbst wenn man einen Mechanismus fände, der solche großen Explosionen hervorruft, gäbe es
leider einen Konflikt mit den Messungen der kosmischen Hintergrundstrahlung (siehe Kapitel 3). Wir müßten nämlich eine Strahlung empfangen, die das abkühlende «Explosionsfeuer» abgäbe,
wie wir ja auch den durch den Urknall hervorgerufenen Mikrowel-
lenhintergrund messen können. Berechnungen haben ergeben, daß
eine Explosion, die stark genug wäre, eine Hubble-Blase hervorzubringen, genügend Strahlung erzeugen würde, um die Hintergrundstrahlung zu verzerren. Da eine solche Verzerrung aber nicht festzustellen ist – so das Gegenargument –, können die Blasen nicht durch
Explosionen verursacht worden sein.

Die Verfechter der Explosionshypothese kontern mit dem Hinweis, daß eine Blase ja gar nicht auf einmal produziert werden muß.
Sie könnte aus der Vereinigung mehrerer kleiner Blasen entstehen
wie beim Seifenschaum in der Badewanne. Ob diese Argumentation Bestand haben wird, bleibt abzuwarten, doch ist diese Hypo-

these ein gutes Beispiel für eine jener Erklärungen der Leerräume, die sich auf ein Geschehen nach der Bildung der Galaxien beziehen.

Im Gegensatz dazu gehen andere Theorien von der Prämisse aus, die Leerräume und Superhaufen seien auf Prozesse zurückzuführen, die lange vor der Verdichtung der Galaxien aus dem Urgas in Gang gesetzt wurden. Diese Theorien basieren auf der Vermutung, daß die Massenkonzentrationen, um die herum sich Galaxien bildeten, nicht gleichmäßig im Raum verteilt waren, sondern von Anfang an die Schweizer-Käse-Struktur zeigten, die wir bei unseren Messungen erkennen. Nach diesem Szenario würden sich die Galaxien *in situ* um die Blasenränder herum bilden und dort bleiben.

So baut beispielsweise eine bestimmte Theorie, die gerade en vogue ist, auf dem sogenannten kosmischen String auf (siehe Kapitel 12), einer langen, sehr dichten, bei 10^{-35} Sekunden erzeugte Struktur, die leicht ein Kondensationszentrum für Galaxien sein könnte. Wäre das Universum voller Strings, würden sich Galaxien an ihnen entlang bilden und dabei Superhaufen hervorbringen. In diesem Modell wären die Leerräume die Räume zwischen den Strings.

Aber das sind Spekulationen. Nur eines ist schon klar: Die Kosmologie wird es schwer haben, die Leerräume und die großräumige Struktur im Universum zu erklären.

Sechs

Wohin der Blick nicht reicht:
Dunkle Materie

Alle modernen Experimente neigen dazu,
ältere Theorien zu Fall zu bringen.

JULES VERNE
«Reise zum Mittelpunkt der Erde»

Wir haben also keine Erklärung dafür, warum die Materie im Universum zu Galaxien zusammengeballt ist und warum man diese Galaxien in einer Struktur aus Superhaufen und Leerräumen antrifft. Ein weiteres Rätsel, so scheint es, wäre das letzte, was wir zu diesem Zeitpunkt gebrauchen können. Aber jeder, der einmal ein Puzzle zusammengesetzt hat, weiß, daß oft plötzlich das gesamte Muster erkennbar wird, wenn man ein einziges zusätzliches Teil hinzufügt – ein Muster, das sich bis dahin der Wahrnehmung entzog. Die Entdeckung einer Materieform, die inzwischen Dunkle Materie genannt wird, spielt genau diese Rolle im Puzzle des Universums.

Der Grund für diesen Stand der Dinge ist denkbar einfach: Bisher habe ich die Aufgabe, das Universum zu erklären, unter der Voraussetzung erörtert, wir hätten es nur mit sichtbarer Materie zu tun – mit Materie also, die wir beim Blick durch ein Teleskop erkennen oder zumindest mit Radioteleskopen und anderen Geräten aufspüren, die Wellenlängen außerhalb des Spektrums unserer visuellen Wahrnehmung empfangen können. Wenn, wie ich bald darlegen werde, ein großer Teil der Materie nicht in dieser vertrauten Form vorliegt, müssen all die Überlegungen zu «Zeitfenstern» und «fliegenden Starts» noch einmal durchdacht werden. Immerhin könnten sich die Eigenschaften der neuen Materieformen deutlich von denen der Materie unterscheiden, mit der wir es in unseren Labors zu tun haben. Und diese unerwarteten Eigenschaften könnten uns einen Ausweg aus der Sackgasse zeigen, in die wir geraten sind.

Es fällt schwer, die Vorstellung zu akzeptieren, es gebe Materie, die unsichtbar ist und dennoch alles Sichtbare beeinflussen kann. Um uns an diesen Gedanken zu gewöhnen, beginnen wir am besten damit, einen Blick auf unsere unmittelbare Nachbarschaft sowie unsere Galaxis, die Milchstraße, zu werfen.

Die Milchstraße – ein typischer Spiralnebel

Zwar können wir unsere Galaxis nicht von außen beobachten, doch sehen wir genug andere Galaxien, um eine recht gute Vorstellung von der Struktur der Milchstraße zu bekommen. Mehr als die Hälfte der Galaxien im Universum hat die gleiche allgemeine Form: einen hellen, zentralen Kern, von dem zwei (manchmal auch mehr) Spiralarme ausgehen, zweifellos ihr auffälligstes Merkmal. Die meisten würden auf die Bitte hin, eine Galaxie zu zeichnen, etwa ein Bild anfertigen, wie es in Abbildung 15 dargestellt ist.

Aus der Existenz der Spiralarme lassen sich zwei interessante Erkenntnisse über Galaxien ableiten: Erstens rotieren sie, und zweitens sind die am besten erkennbaren Galaxienregionen nicht unbedingt diejenigen, wo sich die meiste Materie befindet. Es ist nicht sofort ersichtlich, daß man auf diese Merkmale aus der Spiralstruktur schließen kann. Um das zu erörtern, muß ich ein wenig abschweifen.

Wenn Sie Sahne in Ihren Kaffee rühren, sehen Sie oftmals flüchtige Spiralmuster in der Tasse. Die Ursache für diese Spiralen in der Sahne wird im Physikerjargon differentielle Rotation genannt. Die Flüssigkeit am Tassenrand wird durch die Reibung verlangsamt und tendiert dazu, haftenzubleiben, während die Flüssigkeit in der

102 Wohin der Blick nicht reicht: Dunkle Materie

Abb. 15

Mitte der Tasse ungehindert fließt. Folglich werden Punkte, die in einem bestimmten Moment eine gerade Verbindungslinie Zentrum – Rand bilden, im nächsten Augenblick von der Flüssigkeit unterschiedlich weit mitgerissen. Deshalb verwandelt sich der Radius rasch in eine Spirale, wie in Abbildung 16 dargestellt. Sie können dies in Ihrem Frühstückskaffee beobachten, und es ist verführerisch, daraus zu schließen, die Spirale in Ihrem Kaffee und die Milchstraßenspirale könnten irgend etwas miteinander zu tun haben.

Leider erweist sich diese Schlußfolgerung als falsch, wenn wir folgende Tatsache in unsere Überlegungen einbeziehen: Die Sonne befindet sich etwa auf einem Drittel des Weges zwischen Zentrum und Peripherie der Galaxis. Während die Galaxis rotiert, bewegen sich die Sonne und ihre Planeten mit einer Geschwindigkeit von etwa 250 Kilometern pro Sekunde um das Zentrum. Bei diesem Tempo hätte die Sonne seit der Entstehung der Milchstraße bereits etwa sechzig komplette Umdrehungen durchlaufen müssen. Ähnelten die Spiralarme der Galaxis den Sahnespiralen im Kaffee – geraden Linien dichter Materie, die aufgrund der differentiellen Rotation zu einer Spiralform verdreht werden –, wären sie längst «eingewickelt» worden und existierten nicht mehr.

Man vermutet heute, daß die Spiralarme der Galaxien hervorstechen, weil es sich um Regionen handelt, in denen sich die Sternentstehung konzentriert, so daß sie heller sind als ihre Umgebung. Wir nehmen sie aus dem gleichen Grund wahr, wie wir das Zentrum einer Stadt nachts von einem Flugzeug aus erkennen: Beide strahlen mehr Licht aus als ihre Umgebung. Man kann daraus aber nicht den Schluß ziehen, die am hellsten erleuchteten Gebiete einer Stadt wiesen auch die höchste Bevölkerungsdichte auf oder der größte Teil der galaktischen Materie befände sich in den Spiralarmen.

In Wirklichkeit ist die Materie ziemlich gleichmäßig über die ganze Galaxisscheibe verteilt. Die Spiralarme ragen nur deshalb heraus, weil sie hell leuchten, und nicht etwa, weil sie mehr Materie enthielten. Dies führt uns zu einem der wichtigsten Gedanken, mit denen ich mich in diesem Buch befassen werde. Er lautet: *Die Emission von Licht oder anderer Strahlung aus einer bestimmten Region steht in keinem notwendigen Zusammenhang mit der Anwesenheit von Materie in dieser Region.*

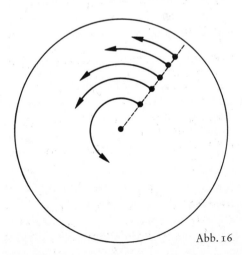

Abb. 16

104   Wohin der Blick nicht reicht: Dunkle Materie

Die Materie hat vielerlei Möglichkeiten, auf ihre Existenz aufmerksam zu machen. Das Aussenden von Licht (oder Radiowellen oder Röntgenstrahlen oder was für elektromagnetische Strahlung auch immer) ist nur eine von vielen. Das einzige, was Materie wirklich tun *muß*, ist, Schwerkraft auszuüben. Das allein entscheidende Kriterium für ihr Vorhandensein ist also nicht ihre Leuchtkraft, sondern ihre Fähigkeit, andere Masse anzuziehen.

Galaktische Rotationskurven und Dunkle Materie

Im zweiten Kapitel sind wir auf den Doppler-Effekt gestoßen und haben festgestellt, daß sich die empfangene Frequenz des Lichts durch die Bewegung der Lichtquelle von der ausgesandten unterscheidet. Wir können nun das Licht spektroskopisch analysieren, das von verschiedenen Abschnitten einer rotierenden Galaxie ausgestrahlt wird, und aufgrund des Doppler-Effekts daraus schließen, wie schnell sich diese Abschnitte auf der Ebene der Galaxie bewegen (siehe Abbildung 17). Auf ein Diagramm übertragen, ergeben die auf diese Weise ermittelten Geschwindigkeiten sogenannte galaktische Rotationskurven.

Eine Rotationskurve kann eine Vielzahl verschiedener Formen annehmen, jede mit deutlicher Analogie zu unserer Alltagserfahrung. So wissen Sie beispielsweise, daß Ihnen am äußersten Rand eines Karussells schwindliger wird als innen. Deshalb setzen Eltern ihre kleinen Kinder auch zunächst auf die innersten Karussellpferde und lassen sie erst mit zunehmendem Alter weiter nach außen. Die Ursache dieses Phänomens: Das Karussell ist eine starre Konstruktion, und wenn es sich dreht, muß sich der äußere Teil schneller bewegen, um mit dem inneren mitzuhalten. Aus dieser Art von Bewegung entsteht eine Rotationskurve, wie sie in Abbildung 18 (links) dargestellt ist – eine Kurve, bei der die Geschwindigkeit zunimmt, je weiter wir uns vom Mittelpunkt entfernen. In der Fachsprache der Physiker wird dies starre Rotation oder, bei einem strö-

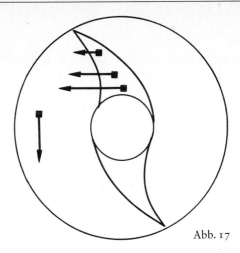

Abb. 17

menden Medium, radartiger Fluß genannt. Wann immer Material, wie in einem Karussell, fest verbunden ist, läßt sich dessen Rotation als starre Rotation darstellen.

Um sich eine zweite geläufige Geschwindigkeitsverteilung zu veranschaulichen, stellen Sie sich Läufer in einem Stadion vor. Jeder läuft auf einer der nebeneinanderliegenden Bahnen. Nehmen wir an, die Athleten sind alle in gleicher Tagesform, so daß sie sich mit derselben Geschwindigkeit fortbewegen. Bei jeder Kurve der Aschenbahn wird sich die von den Läufern gebildete Linie langsam krümmen, wobei die Läufer auf den inneren Bahnen die Spitze bilden, weil sie eine kürzere Strecke zurückzulegen haben. Würden Sie eine Rotationskurve für die Läufer ermitteln, erhielten Sie ein Diagramm wie das in Abbildung 18 (Mitte) dargestellte. Die Läufer werden Ihre imaginäre Linie alle mit der gleichen Geschwindigkeit überqueren, so daß die Kurve eine gerade horizontale Linie sein wird. (Die Tatsache, daß sie die imaginäre Linie zu verschiedenen Zeiten überqueren, ist für diese Art von Messung belanglos; es kommt allein auf die Geschwindigkeit bei der Überquerung an.) Wir nennen diese Situation bei einem strömenden Medium «Fluß mit

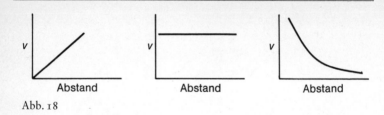

Abb. 18

konstanter Geschwindigkeit auf einem Kreisbogen». Er tritt, zusammen mit der charakteristischen horizontalen Rotationskurve, immer dann auf, wenn sich alle Körper, ungeachtet ihres Abstands vom Mittelpunkt, mit der gleichen Geschwindigkeit fortbewegen. Der Fluß mit konstanter Geschwindigkeit führt notwendigerweise zur differentiellen Rotation (die wir in der Kaffeetasse beobachtet haben), weil die äußeren Punkte, obwohl sie eine längere Strecke zu bewältigen haben, gezwungen sind, sich mit der gleichen Geschwindigkeit zu bewegen wie die «Mitläufer auf der Innenbahn». Übrigens ist auf diesen Effekt die Tatsache zurückzuführen, daß bei Wettläufen die Startblöcke versetzt werden. Die versetzten Startpositionen sollen die unterschiedlichen Längen von Außen- und Innenbahnen ausgleichen.

Einen dritten Rotationskurventyp können Sie sich leicht verständlich machen, wenn Sie an die Planeten im Sonnensystem denken. Es ist bekannt, daß die Länge des «Jahres» – die Zeit, um einen Umlauf um die Sonne zu vollenden – für jeden Planeten anders ist. Sie reicht von 88 Tagen für Merkur bis zu 250 Jahren für Pluto. Dies ist zunächst einmal der Tatsache zuzuschreiben, daß die äußeren Planeten bei einem kompletten Umlauf eine längere Strecke zurücklegen müssen, doch kommt noch etwas anderes hinzu: Je weiter ein Planet von der Sonne entfernt ist, um so langsamer bewegt er sich. Eine Rotationskurve für ein System wie das der Planeten ist im rechten Diagramm der Abbildung 18 dargestellt.*

Eine Kurve dieses Typs wird nach Johannes Kepler (1571–1630),

---

* Die mathematische Form der Kurve ist $1/r$.

der die ersten Gesetze der Planetenbewegung entdeckte, Kepler-Rotationskurve genannt. Wir können damit rechnen, daß sie sich in jeder Situation ergibt, wo sich Körper um eine gravitierende Zentralmasse bewegen, wie es bei den Planeten und der Sonne der Fall ist. Es ist wichtig, sich über folgendes im klaren zu sein: Diese Bedingung verlangt nicht, daß die Zentralmasse klein sein muß. Die Sonne ist gewiß kein kleines Objekt. Sie ist aber klein, verglichen mit dem Sonnensystem. Keplerkurven stellen sich immer ein, wenn die Zentralmasse praktisch alle Masse des Systems in sich vereinigt, genauer: wenn man sich außerhalb der Hauptmassenzusammenballung befindet. Dewegen sollte sich eindeutig eine Keplerkurve ergeben, wenn wir uns weit von den großen Massenkonzentrationen in der Galaxis entfernen.

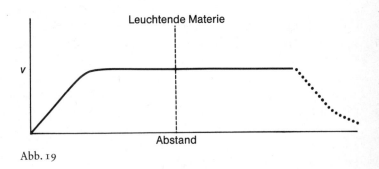

Abb. 19

Da dies ein entscheidender Punkt ist, möchte ich ihn etwas näher ausführen. Nehmen wir an, die gesamte Masse der Galaxis sei in einer Scheibe konzentriert, deren Durchmesser 100 000 Lichtjahre beträgt, stimme also, anders formuliert, mit der Verteilung leuchtender Materie überein. Gäbe es dann in einer Entfernung von 200 000 oder 300 000 Lichtjahren ein paar um die Kugel umlaufende Satelliten (Sonnen oder auch einzelne Planeten), müßten deren Rotationskurven Keplerkurven sein. Je weiter entfernt solche Objekte wären, um so langsamer müßten sie sich bewegen.

108   Wohin der Blick nicht reicht: Dunkle Materie

Eine gemessene Rotationskurve, die typisch für eine Galaxie ist, zeigt Abbildung 19. Zum Kern hin, wo die Materie dicht gebündelt ist, erkennen wir wachsende Geschwindigkeiten bei zunehmendem Abstand: starre Rotation. Entfernen wir uns noch weiter, pendelt sich die Kurve ein, und wir gelangen in ein System, wo sich alles mit etwa der gleichen Geschwindigkeit bewegt. Somit haben wir von hier an differentielle Rotation. Dieser Teil der Kurve überschreitet die 100 000-Lichtjahr-Grenze um ein gutes Stück und geht daher über die Region hinaus, die wir im sichtbaren Licht sehen können, wenn wir eine Galaxie betrachten.

Vielleicht wundern Sie sich, wie wir etwas über das Verhalten von Materie jenseits der sichtbaren Region wissen können. Was auch immer dort sein mag – es gelangt von da aus offenbar kein sichtbares Licht zu uns. Das heißt jedoch nicht, daß dort überhaupt keine Strahlung entstände. In diesem Gebiet gibt es dünne Wölkchen aus Wasserstoff. Dieses Gas strahlt Radiowellen aus, die von Empfangsgeräten auf der Erde gemessen werden können. Die oben beschriebene Doppleranalyse des sichtbaren Lichts kann man auch auf Radiowellen anwenden, so daß wir feststellen können, wie schnell sich der Wasserstoff um das Zentrum der Galaxie bewegt.

Befindet sich das Gas in einer leeren Region, kreist es in einer Umlaufbahn um die Galaxie – als eine Art Satellit. In diesem Fall müßten wir den Übergang der Rotationskurve in eine Keplerkurve erkennen können. Wird andererseits das Gas von unsichtbarer Materie wie Treibgut auf einem Fluß davongetragen, dann ist die Rotationskurve des Wasserstoffs identisch mit der der unsichtbaren Materie, in die das Gas eingebettet ist.

Wie aus Abbildung 19 ersichtlich wird, bleibt die Rotationskurve einer typischen Galaxie auch noch ein gutes Stück über die sichtbares Licht ausstrahlende Region hinaus flach. Bis jetzt ist noch *keine* galaktische Rotationskurve beobachtet worden, die in eine Keplerkurve übergegangen ist. Bis zu Entfernungen von 200 000 bis 300 000 Lichtjahren – eine Distanz, die den Radius des sichtbaren Teils der Galaxie um ein Mehrfaches überschreitet – bleiben sie alle flach. Dies trifft auf viele durchgemessene Galaxien zu und wird daher mit größter Wahrscheinlichkeit auch für die Milchstraße gelten.

Wir wissen: Sobald wir an einen Punkt gelangen, wo wir uns außerhalb des größten Teils der Materie in der Galaxie befinden, wird die Rotationskurve zu einer Keplerkurve und beginnt zu fallen. Die Tatsache, daß dies nicht den Beobachtungen entspricht, kann nur eines bedeuten: Selbst an Punkten, die weit vom Zentrum entfernt sind und weit über die Grenze der sichtbaren Galaxie hinausreichen, gibt es erhebliche Mengen von Materie. Wenn wir diese Materie auch nicht sehen, so wissen wir doch aufgrund ihrer Gravitationswirkung, die wir aus der Rotationskurve ablesen, daß es sie gibt.

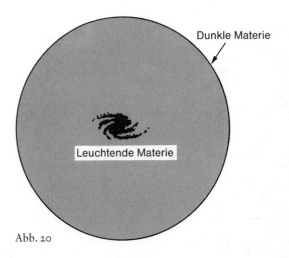

Abb. 20

Wir können sogar die Menge der zusätzlichen Materie in der Milchstraße und in anderen Galaxien schätzen, indem wir die Umlaufbahnen der galaktischen Satelliten studieren. Wieviel Masse wäre nötig, um die beobachteten Rotationskurven zu erzeugen? Die Antwort lautet: Es muß in einer solchen Galaxie mindestens zehnmal soviel unsichtbare Materie geben wie sichtbare. Mit anderen Worten: Mindestens 90 Prozent der Materie in Galaxien wie der unsrigen existieren in einer Form, die kein sichtbares Licht oder andere Strahlung abgibt und deren bloßes Vorhandensein bis in die siebziger Jahre hinein nicht einmal vermutet wurde. Astronomen haben sich angewöhnt, diese Masse als «Dunkle Materie» zu bezeichnen – ein sehr angemessener Name. Sie ist über einen großen sphärischen Halo hinweg verteilt, der die sichtbaren Regionen der Galaxie umgibt (siehe Abbildung 20).

Dunkle Materie – einige philosophische Überlegungen

Im verbleibenden Teil des Buches wird es um die Konsequenzen gehen, die sich aus der Existenz Dunkler Materie ergeben, und um die zur Zeit diskutierten Vermutungen hinsichtlich der Frage, welche Form sie haben könnte. Doch meine ich, daß an diesem Punkt eine kurze Pause angebracht ist, um die Entdeckung der Dunklen Materie nüchtern und sachlich zu betrachten. Auf den ersten Blick mag es so aussehen, als sei sie lediglich ein weiteres kleines Teil jenes Puzzles, das wir zusammensetzen müssen, um das Universum zu verstehen, weder von größerer noch geringerer Bedeutung als viele andere Teile. Dies wäre ein vernünftiger Standpunkt, wenn die Dunkle Materie nur einen kleinen Teil des Universums ausmachte. Wir könnten sie dann als Anhängsel der wichtigeren (und leichter zu beobachtenden) leuchtenden Materie betrachten.

Doch dieser Standpunkt, der sich zudem auf unser verständliches Vorurteil stützt, dem Sichtbaren käme mehr Bedeutung zu als dem Unsichtbaren, stellt die Verhältnisse im Universum auf den Kopf. In Wirklichkeit ist die vorherrschende Form der Materie nicht leuchtend, sondern dunkel. Da mehr als 90 Prozent der Materie im Universum dunkel sind, wäre die Behauptung nicht übertrieben, leuchtende Materie – die Masse also, die wir tatsächlich sehen – sei (um dieses Bild noch einmal aufzugreifen) nicht mehr als Treibgut auf einem Fluß. Vielleicht sind die hell leuchtenden Spiralen der Galaxien einfach nur passive Zeichen, stumme Zeugen von Kräften, die auf einer für uns unsichtbaren Ebene wirken. Wenn wir das Weltall noch weiter erforscht haben, werden wir vielleicht erkennen, daß unser mühsam errungenes Wissen über das sichtbare Universum lediglich ein erster Schritt auf dem Weg zum Verständnis der wirklichen Beschaffenheit der Dinge ist. Viele der in Kapitel 11 und 12 diskutierten Theorien haben diesen Standpunkt bereits übernommen, doch ist diese neue Einstellung bisher auf einen kleinen Expertenkreis beschränkt geblieben.

Im ersten Kapitel habe ich die Entwicklung unserer Vorstellungen über das Universum nachgezeichnet: von der geozentrischen Kosmologie der Griechen bis zur heliozentrischen Welt des Nikolaus Kopernikus. Es wurde deutlich, wie diese Entthronung der Erde, ihre Entwicklung vom Mittelpunkt des Universums hin zu einem von neun um die Sonne kreisenden Planeten, das tröstliche mittelalterliche Weltbild zerstörte.

Die Entthronung wurde mit dem Werk Shapleys und Hubbles fortgesetzt. Shapley zeigte, daß die Sonne sich nicht einmal im Zentrum der Milchstraße befindet, sondern irgendwo weiter draußen in den Spiralarmen. Und dann wies Hubble nach, daß die Milchstraße selbst nur eine von unendlich vielen Galaxien in einem sich ausdehnenden Universum ist.

Nun, nachdem uns Hubbles Universum im Laufe der letzten sechzig Jahre einigermaßen vertraut ist, führt die Entdeckung Dunkler Materie zu einem erneuten tiefgreifenden Wandel unserer Sicht. Vieles spricht dafür, daß dieses vertraute Universum selbst nichts weiter als ein unwesentlicher Bestandteil der wirklichen Ordnung der Dinge ist. Vielleicht macht die Materie, aus der unser Sonnensystem, unsere Erde und unsere Körper bestehen, nur einen relativ kleinen Teil eines Weltalls aus, das überwiegend aus ganz anderem Stoff gebildet ist. Man kann sich kaum ein traurigeres Ende der kopernikanischen Odyssee vorstellen, vor allem wenn man aus tiefstem Herzen glauben möchte, die Erde und ihre menschlichen Bewohner nähmen eine besondere Stellung im Universum ein.

Galaxienhaufen:
noch mehr Dunkle Materie

Rotationskurven sind zwar wichtige Indizien, aber nicht die einzigen Anzeichen für die Existenz Dunkler Materie. Es gibt im All noch mehr Dunkle Materie als die in galaktischen Halos konzentrierte, was nachvollziehbar wird, wenn wir Galaxienhaufen näher betrachten.

Hinsichtlich der Dunklen Materie ist es interessant, daß es viele Haufen gibt, die Tausende von Galaxien enthalten. Die Galaxien in diesen Haufen bewegen sich in komplizierten Bahnen. Man kann den galaktischen Haufen mit einem im Raum schwebenden Wassertropfen vergleichen. Jedes dieser beiden Systeme ist aus bestimmten Bestandteilen zusammengesetzt (das eine aus Galaxien, das andere aus Molekülen), die sich ungehindert umherbewegen können. Zusätzlich ist in jedem System eine Kraft wirksam (in dem einen die Schwerkraft, im anderen die Oberflächenspannung), die die Bestandteile so zusammenhält, daß sie nicht davonfliegen können.

Erhöhen wir die Temperatur des Wassertropfens, nimmt die Geschwindigkeit der Moleküle zu, bis sie schließlich die Kräfte der Oberflächenspannung überwinden können – der Tropfen verdampft. Man könnte also zu einer Prognose gelangen, ob er verdampfen wird oder nicht, indem man mißt, wie schnell sich die einzelnen Moleküle bewegen.

Ebenso können auch Astronomen die Bahngeschwindigkeiten von Galaxien in einem fernen Haufen messen und daraus schließen, ob diese Galaxien die von den anderen Mitgliedern des Haufens ausgeübte Schwerkraft überwinden können oder nicht. Die Schwerkraft hängt natürlich von der Menge der (leuchtenden und Dunklen) Materie ab, die im Galaxienhaufen vorhanden ist. Wenn man diese Art von Geschwindigkeitsmessung vornimmt, ergibt sich eine recht verblüffende Tatsache: In fast jedem Fall sind die Geschwindigkeiten der einzelnen Galaxien so hoch, daß sie es ihnen erlauben würden, aus dem Haufen zu entkommen. Die Haufen

Galaxienhaufen: noch mehr Dunkle Materie   113

«kochen» gewissermaßen. Unter der Voraussetzung, die einzige dort wirksame Gravitation sei die von der sichtbaren Materie ausgeübte, ist diese Feststellung zweifellos richtig. Doch trifft sie sogar dann noch zu, wenn wir annähmen, jede Galaxie in dem Haufen sei von einem Halo Dunkler Materie umgeben, der 90 Prozent der Gesamtmasse der Galaxie enthält.

Es gibt zwei Möglichkeiten, diesen Befund zu interpretieren. Einerseits kann man ihn für bare Münze nehmen und behaupten, der Haufen verdampfe tatsächlich, nur beobachteten wir ihn zufällig gerade in einer Phase, in der dieser Prozeß noch nicht beendet sei. Dies wäre so, als sähen wir einen Tropfen Wasser in einer heißen Bratpfanne, kurz bevor er vollständig verdampft. Dieser Gedanke böte eine einleuchtende Erklärung für die hohen Geschwindigkeiten in einigen Galaxienhaufen. Doch wenn man das gleiche Muster überall wiederholt sieht, gerät man allmählich ins Grübeln. Wie hoch ist wohl die Wahrscheinlichkeit, daß wir unsere Beobachtungen ausgerechnet zu einem Zeitpunkt machen, wo wir die Hälfte der Galaxien im Universum zufällig zu Haufen angeordnet finden, deren Bindung zu schwach ist, um Bestand zu haben, und die deshalb gerade auseinanderfliegen?

Als Alternative bietet sich die Vermutung an, Galaxien seien immer mehr oder weniger so in Haufen angeordnet gewesen wie heute und die Kräfte, die einen solchen Haufen zusammenhalten, seien stärker als der Effekt, den wir erwarten dürften, wenn wir ausschließlich von der Menge der Materie in der Galaxie ausgingen. Eine Möglichkeit zur Erklärung dieses Phänomens wäre, daß es über die galaktischen Halos hinaus zusätzliche Dunkle Materie gibt. Sie könnte innerhalb des Haufens in den Leerräumen zwischen den Galaxien verborgen sein. Wäre dies der Fall, übte die zusätzliche Dunkle Materie auch zusätzliche Schwerkraft auf die Galaxien aus, die dann trotz ihrer hohen Geschwindigkeiten in dem Haufen festgehalten würden. Dies ist die mittlerweile von den meisten Astronomen akzeptierte Interpretation der Daten, die die Beobachtung galaktischer Haufen ergibt.

Es sieht also so aus, als tauche Dunkle Materie an mehr als nur einer Stelle im Universum auf. Sie erscheint in der Umgebung einzelner Galaxien, aber auch zwischen Galaxien innerhalb der Galaxienhaufen. Wir sprechen davon, daß sie auf vielen Ebenen in Erscheinung tritt. Ich gehe sogar noch einen Schritt weiter: Sie tritt auf *allen* Ebenen im Universum auf, und wir können davon ausgehen, daß wir überall dort Dunkle Materie finden, wo leuchtende Materie sichtbar ist.

Nachdem wir an diesem Punkt angelangt sind, will ich zu der Frage zurückkehren, wie die Existenz dieser Art von Materie, mit der keiner gerechnet hatte, die Probleme lösen kann, auf die wir bei dem Versuch, die Struktur des Universums zu erklären, gestoßen sind.

Sieben

Wie die Dunkle Materie die Struktur des Universums enthüllen könnte

Nun lasset euch gemahnen eine Zeit,
Wo schleichend Murmeln und das späh'nde Dunkel
Des Weltgebäudes weite Wölbung füllt.

WILLIAM SHAKESPEARE
«König Heinrich V.»

Die Entdeckung Dunkler Materie offenbart, daß der größte Teil des Universums aus unsichtbarer Masse besteht. Ganz von selbst stellt sich daher die Frage, wie sich diese Erkenntnis auf das Problem auswirkt, die großräumige Struktur zu erklären. Es mag seltsam erscheinen, daß Kosmologen ihre Hoffnungen, das Universum zu verstehen, auf eine so mysteriöse Substanz wie die Dunkle Materie setzen, doch genau das geschieht heutzutage.

Sie ist nicht der berühmte Strohhalm, an den man sich in der Not klammert – man könnte sich ja die Tatsache, daß wir nichts über die Beschaffenheit der Dunklen Materie wissen, zunutze machen und ihr einfach alle Eigenschaften zuschreiben, die erforderlich sind, um ungeklärte Fragen zu beantworten. Wir werden sehen, daß uns keine Details über das Verhalten Dunkler Materie bekannt sein müssen, um zu erkennen, wie sie das Problem der Galaxienbildung lösen könnte. Mit der Dunklen Materie scheinen wir genau jenes Teil gefunden zu haben, das uns fehlte, um das Puzzle zusammenzusetzen und das große Bild zu vervollständigen – wie das Universum zu dem wurde, was es heute ist.

Es ist nicht besonders schwierig, die Grundidee, welche Rolle die Dunkle Materie spielt, zu verstehen. Wie Sie bereits wissen, hat die Hauptschwierigkeit, die Evolution des Universums zu beschreiben, mit folgender Tatsache zu tun: Besteht der gesamte Kosmos aus normaler Materie, können sich die Galaxien erst recht spät gebildet haben, nämlich erst, nachdem sich das Universum bis zu einem Punkt abgekühlt hat, wo Atome existieren können und sich die Strahlung von der Materie entkoppelt. Zu diesem Zeitpunkt hätte aber die Hubble-Expansion die Materie schon so dünn verteilt, daß die Schwerkraft allein nicht ausreichte, um Materieklumpen zusammenzuziehen, bevor alles außer Reichweite geriete. Im vierten Kapitel hat sich ergeben, daß zudem alle erdenklichen Möglichkeiten, dem Prozeß einen «fliegenden Start» zu verschaffen, bekannten Beobachtungsdaten zu widersprechen scheinen.

Wenn wir erst einmal die Vorstellung akzeptieren, daß der größte Teil des Universums nicht aus gewöhnlicher Materie besteht, wird die Schwierigkeit etwas gemildert. Der im Plasma des frühen Universums mit Protonen und Elektronen in Wechselwirkung tretende Strahlungsdruck mag die Zusammenballung gewöhnlicher Materie bis zum Abschluß des Atombildungsprozesses verhindert haben, doch es gibt absolut keinen Grund, warum dies auch für Dunkle Materie gelten sollte. Nehmen wir also an, es gäbe einen Kandidaten für die Dunkle Materie, der bereits in einem sehr frühen Stadium des Urknalls aus der Wechselwirkung mit der Strahlung herausträte. Diese Situation könnte entstehen, wenn die Wechselwirkung der Teilchen der Dunklen Materie mit der Strahlung von der Energie der Zusammenstöße zwischen beiden abhinge und somit gering wurde, als die Temperatur unter ein bestimmtes Niveau gesunken war. In einem solchen Fall hätte die Dunkle Materie lange Zeit vor der Bildung von Atomen damit beginnen können, sich unter dem Einfluß der Schwerkraft zusammenzuballen. Der Strahlungsdruck hätte diese Art von Zusammenballung nicht verhindert, denn unsere Hypothese lautet, daß Strahlung die Dunkle Materie nicht wie gewöhnliche Materie vorantreiben kann.

Wenn sich dies alles tatsächlich so abgespielt hat, dann existierten zu jenem Zeitpunkt, da sich die Atome endgültig bildeten und sich die normale Materie zusammenschließen konnte, im Universum bereits enorme Konzentrationen von Masse. Klumpen gewöhnlicher Materie würden sofort zu den Stellen hingezogen werden, wo sich die Dunkle Materie angesammelt hat. Es ist, als gieße man Wasser auf eine Oberfläche mit vielen Löchern – das Wasser liefe schnell durch die Löcher ab, und die Geschwindigkeit des Abfließens hätte fast überhaupt nichts mit der Kraft zu tun, die die einzelnen Wasserteilchen aufeinander ausübten. Deshalb wäre, so die Überlegung, die gewöhnliche Materie in die bereits von der Dunklen Materie geschaffenen «Löcher» gefallen, sobald sie von den Einschränkungen befreit war, die ihr der Strahlungsdruck auferlegte. Demnach hätten sich Galaxien und andere Strukturen nach dem Entkoppeln der Strahlung sehr rasch gebildet. Die Problematik des «Zeitfensters», der sehr kurzen Formationsphase, die uns in Kapitel 4 zu schaffen machte, verlöre ihre Bedeutung.

Die Eleganz dieser Idee liegt darin, daß sie eine Lösung für die zentrale Frage nach der Struktur des Universums bildet, indem sie zwei Probleme – den zu knappen Zeitraum für die Bildung von Galaxien und die Existenz Dunkler Materie – zusammenführt. Man nimmt an, daß der Dunklen Materie viel mehr Zeit zur Verfügung stand, sich zusammenzufinden, als gewöhnlicher Materie, da sie sich in einem früheren Stadium des Urknalls entkoppelte. Die Konsequenz, daß unter diesen Bedingungen gewöhnliche Materie in das so geschaffene Schwerkraftloch fällt, würde den Halo Dunkler Materie erklären, der die Galaxien umgibt. Diese Hypothese schlägt zwei Fliegen mit einer Klappe.

Wir müssen aber im Auge behalten, daß wir zu diesem Zeitpunkt lediglich glauben, daß es so funktionieren *könnte*. Es ist noch keine gut durchdachte Theorie. Um von der Hypothese zur Theorie zu kommen, müssen wir zwei wichtige und schwierige Fragen beantworten: 1. *Auf welche Weise* erklärt die Dunkle Materie die Struktur? 2. *Was ist* Dunkle Materie?

Heiße und kalte Dunkle Materie

Beginnen wir, diesen Fragen nachzugehen, indem wir überlegen, wie sich die Dunkle Materie von der heißen, sich ausdehnenden Stoffwolke trennen konnte, die das frühe Universum bildete. Wie in den Passagen, in denen es um die Bildung von Atomen ging (Kapitel 3), werde ich auch bei der Beschreibung dieses Trennungsprozesses von Entkopplung sprechen. Sie bedarf keiner Umwandlung wie der, die zur Bildung von Atomen führt. Nur eine Bedingung muß erfüllt sein: Die Stärke der Wechselwirkung zwischen den Teilchen, die die Dunkle Materie bilden, muß auf ein Niveau absinken, wo das restliche Universum keinen nennenswerten Druck mehr auf sie ausüben kann. Danach wird die Dunkle Materie ihrem eigenen Weg folgen, gleichgültig gegenüber allem, was um sie herum vorgeht.

Hinsichtlich der sich bildenden beobachtbaren Struktur des Universums erweist sich für die Dunkle Materie die Geschwindigkeit der Teilchen nach ihrer «Befreiung» als wichtigstes Merkmal des Entkopplungsprozesses. Fand die Entkopplung in einem sehr frühen Stadium des Urknalls statt, bewegten sich die Teilchen der sich bildenden Dunklen Materie sehr schnell, fast mit Lichtgeschwindigkeit. In diesem Fall sprechen wir von *heißer* Dunkler Materie. Kam es dagegen erst zur Abkopplung, als sich die Teilchen bereits erheblich langsamer als mit Lichtgeschwindigkeit bewegten, bezeichnen wir die dabei entstehende Dunkle Materie als *kalt*.*

Von den Arten Dunkler Materie, die Kosmologen in Erwägung ziehen, sind die Neutrinos (Kapitel 10) das beste Beispiel für heiße Dunkle Materie. Alle anderen Teilchen, die ich Ihnen im neunten Kapitel vorstellen werde, sind kalt. Einer der vorgeschlagenen Ty-

---

* Beachten Sie bitte, daß sich die Begriffe «heiß» und «kalt» auf die Geschwindigkeit der Teilchen zum Zeitpunkt der Entkopplung beziehen und nicht auf die Temperatur des Universums zu dieser Zeit. Im Prinzip könnte ein Lichtteilchen «heiß» sein, selbst wenn es sich in einem späten Stadium des Urknalls bildete, ebenso wie ein massives Teilchen «kalt» sein könnte, auch wenn es früh entstünde.

pen Dunkler Materie, die kosmischen Strings, die Sie im zwölften Kapitel kennenlernen, paßt allerdings nicht in dieses Klassifikationsschema, weil er überhaupt nicht aus Teilchen besteht. Im restlichen Teil dieses Kapitels will ich untersuchen, wie sich die Existenz heißer und kalter Dunkler Materie in einem expandierenden Universum auswirken würde. Die Frage nach der Beschaffenheit Dunkler Materie verschiebe ich auf einen späteren Zeitpunkt.

Es zeigt sich, daß wir anhand der Auswirkungen von heißer Dunkler Materie allein unsere Befunde über das Universum mit großer Sicherheit nicht erklären können und daß das Szenario für die kalte Dunkle Materie erheblich modifiziert werden müßte, wollten wir sie weiterhin als Kandidatin für die endgültige Theorie nominieren. Dieser unbefriedigende Zustand, verbunden mit der Ungewißheit über die Natur der Teilchen, aus denen sich die kalte Dunkle Materie zusammensetzt, führte die Theoretiker schließlich dazu, die kosmischen Strings ins Auge zu fassen.

Freies Strömen und das Ende der heißen Dunklen Materie

Wenn Kosmologen von heißer Dunkler Materie sprechen, denken sie an ein Teilchen, das Neutrino genannt wird. An dieser Stelle genügt es, zu wissen, daß es ein bei Kernreaktionen entstehendes Teilchen ist und daß man es in unseren Labors nachweisen kann. Es hat entweder die Masse Null oder eine nur sehr geringe Masse und bewegt sich gewöhnlich mit Lichtgeschwindigkeit (oder annähernder Lichtgeschwindigkeit) fort. Wir gehen heute von folgender Hypothese aus: Als das Universum eine Sekunde alt war, traten die Neutrinos mit gewöhnlicher Materie nicht mehr stark genug in Wechselwirkung, um vom Strahlungsdruck beeinflußt zu werden. Danach erfüllten die Neutrinos den sich ausdehnenden Raum und kühlten ihrerseits ab. Dabei schufen sie eine Art Spiegelbild der kosmischen Hintergrundstrahlung.

Eine Möglichkeit, sich ihren Entkopplungsprozeß vorzustellen, ist folgende: Er findet statt, wenn eine Wechselwirkung eines sich durch Materie bewegenden Neutrinos mit dieser Materie unwahrscheinlich geworden ist. Zwei Faktoren beeinflussen diese Wahrscheinlichkeit: die Dichte der Materie (von der abhängt, wie häufig Neutrinos in die Nähe anderer Teilchen kommen) sowie die Wahrscheinlichkeit, mit der ein Neutrino, das sich einem anderen Teilchen nähert, tatsächlich mit diesem in Wechselwirkung tritt. Als das Universum eine Sekunde alt war, war diese kombinierte Wahrscheinlichkeit so gering, daß wir die Entkopplung der Neutrinos annehmen können. Vermutlich gilt diese Art des Ablaufs auch für jeden anderen Typ heißer Dunkler Materie.

Während sich die Neutrinowolke ausdehnt, bewegt sie sich in Regionen von normaler Dichte ohne nennenswerte Wechselwirkungen. Stieße sie jedoch auf eine Region von hoher Dichte – was ich an früherer Stelle als Massenkonzentration bezeichnet habe –, würde sie mit ihr in Wechselwirkung treten und sie auseinanderreißen. Sie täte dies, weil die oben erwähnte erste Wahrscheinlichkeit, nämlich die der Begegnung mit einem anderen Teilchen, in der Massenkonzentration höher wäre als anderswo. Die Neutrinowolke würde, wie der Astronom Jack Burns aus Arizona schreibt, Massenverdichtungen etwa so auflösen, «wie eine mit hoher Geschwindigkeit fliegende Kanonenkugel eine wackelige Mauer zersprengen könnte, ohne durch diese Kollision in nennenswerter Weise verlangsamt zu werden». Dieser Prozeß würde sich so lange fortsetzen, bis die Neutrinowolke durch die Ausdehnung auf eine Temperatur abgekühlt wäre, bei der sich die Neutrinos mit niedrigen Geschwindigkeiten bewegten – beispielsweise weniger als ein Zehntel der Lichtgeschwindigkeit. Auf diesem Energieniveau hätten sie selbst in sehr dichten Konzentrationen keinen Druck mehr ausüben können und somit auch keine Rolle mehr beim Gravitationskollaps gespielt. Bezogen auf die Zeit zwischen Entkopplung und Verlangsamung spricht man von «frei strömenden» Neutrinos.

Also könnten massive Neutrinos nach ihrer Entkopplung eine

Zeitlang Massenkonzentrationen auflösen. Dabei wären sie nicht in der Lage, sich über eine bestimmte Entfernung pro Zeiteinheit hinaus fortzubewegen – zweifellos nicht über die Strecke hinaus, die das Licht in der gleichen Zeitspanne zurücklegt. Wenn, anders ausgedrückt, ein Neutrino seinen Werdegang in einer sehr großen Materieverdichtung beginnt, wird es sich niemals in der ihm zugeteilten Zeit des freien Strömens ganz durch sie hindurchbewegen können. Wenn es jedoch in einer kleinen Konzentration anfängt, wird es dazu in der Lage sein und dabei eine Wirkung wie die Kanonenkugel entfalten, die auf die wackelige Mauer trifft. Folglich würden frei strömende Neutrinos kleine Massenkonzentrationen auflösen, größere hingegen mehr oder weniger unberührt lassen.

Eine solche selektive Auflösung bestimmter Konzentrationen im frühen Universum, die lange vor der Entkopplung der Strahlung und dem spürbaren Beginn des Gravitationskollapses stattfand, würde bedeuten, daß die Neutrinos jeden Kern zerstört hätten, um den sich kleinere Galaxien als die einer bestimmten Größe hätten verdichten können. Diese Größe kann man schätzen. Sie ergibt sich aus der Entfernung, die Neutrinos in der Phase des freien Strömens zurücklegen, und erweist sich als recht groß, etwa so groß wie galaktische Superhaufen. Somit hätten zu Beginn des Gravitationskollapses die kleinsten und am schnellsten wachsenden Massenzentren die Größe von Superhaufen gehabt.

Aus dem Vorhandensein des freien Strömens können wir also schließen, daß Theorien über die heiße Dunkle Materie folgende Reihenfolge von Ereignissen vorhersagen müssen: Zunächst sortiert die heiße Dunkle Materie gewöhnliche Materie zur Größe von Superhaufen, die sich dann in Massen von der Größe der Galaxienhaufen aufteilen, worauf sich diese wiederum in noch kleinere Massen von der Größe der Galaxien gliedern. Dieses Schema wird häufig das «Top-down-Szenario» für die Strukturbildung des Universums genannt.

Wie sich Superhaufen in Galaxien auflösen, ist kein Geheimnis. Wie ich im vierten Kapitel gezeigt habe, reicht die normale Schwerkraftwirkung aus, um jeden gleichmäßig verteilten Stoff in kleine Klumpen aufzulösen. Viel mehr zu schaffen macht uns das Zeitproblem. Heiße Dunkle Materie bedingt ein Universum, in dem Galaxienhaufen alt, Galaxien selbst hingegen vergleichsweise jung sind, eine Konsequenz, die genau im Gegensatz zu unseren Beobachtungen steht; zum Beispiel enthält die Milchstraße Sterne, die mindestens vierzehn Milliarden Jahre alt sind – was ungefähr dem Alter des Universums entspricht. Mit anderen Worten: Es haben sich also in der Milchstraße Sterne zu einem Zeitpunkt gebildet, der den von der Existenz heißer Dunkler Materie ausgehenden Modellen zufolge vor der Entstehung der Milchstraße selbst läge.*

Mit dem massiven Neutrino als Kandidaten für Dunkle Materie gibt es andere Schwierigkeiten – einige davon werden in Kapitel 9 erörtert. Halten wir im Moment fest: Mit heißer Dunkler Materie sind so große Distanzen für das freie Strömen (und damit so große Anfangsstrukturen im Universum) verbunden, daß die meisten Kosmologen diese Vorstellung aufgegeben haben.

Kalte Dunkle Materie und Verzerrung

Kalte Dunkle Materie umgeht diese Schwierigkeit: Die Teilchen bewegen sich beim Entkoppeln so langsam, daß sie in der Phase des freien Strömens keine weiten Strecken zurücklegen können. Folglich überleben in diesem Modell sogar kleine Materiekonzentrationen. Dadurch liegt hier eine Situation vor, in der zunächst kleine Materiegruppen zusammenkommen. Diese kleinen Aggregate schließen sich zusammen und bilden die beobachtete großräumige Struktur. So stellt sich die Entstehung des Universums im sogenannten «Bottom-up-Modell» dar.

---

* Eine Erörterung der Methode, das Alter von Sternen und Universen zu bestimmen, finden Sie in meinem Buch «Meditations at 10.000 Feet» (Scribner's, 1986).

Darüber hinaus ergeben Berechnungen auf der Grundlage der Modelle für die kalte Dunkle Materie, daß sie uns eine Reihe weiterer Erfolge bescheren. So sagen diese Modelle beispielsweise die Entstehung der Galaxien in einem ziemlich eingeschränkten Massenbereich voraus. Die Berechnungen zeigen, daß kalte Dunkle Materie Galaxien in der Größenordnung von etwa einem Tausendstel bis zum Zehntausendfachen der Milchstraßenmasse hervorbringen würde – weder größere noch kleinere. In der Tat befinden sich die Massen fast aller bekannten Galaxien im Rahmen dieser Skala – eine Regelmäßigkeit, die für Astronomen stets ein Rätsel gewesen ist. Daß diese Tatsache (zusammen mit einigen anderen Details zur Systematik der Galaxien) allein durch die Hypothese der kalten Dunklen Materie erklärt werden kann, wird als ein großer Triumph betrachtet.

Leider führten Messungen der Rotverschiebung und die Entdeckung der Leerräume und der netzartigen Strukturen zu ernsthaften Einwänden gegen die Auffassung, kalte Dunkle Materie sei Grundbestandteil der Struktur des Universums. Selbst Marc Davis von der University of California in Berkeley, einer der engagiertesten Befürworter dieser Auffassung, schrieb: «Das Modell der kalten Dunklen Materie können wir jetzt ausschließen, da es keine so großen Leerräume wie den im Bootes gefundenen zuläßt.» Das Problem liegt darin, daß die kurze Fließstrecke kalter Dunkler Materie ein Universum impliziert, das aus kleinen Objekten von Galaxiengröße aufgebaut sein muß, und es ist schwer verständlich, wie zufällige Ansammlungen kleiner Objekte solch riesige Leerräume jener Art enthalten können, wie sie bei der Durchmusterung des Himmels entdeckt wurden.

Doch kluge Ideen lassen sich nicht so leicht aus der Welt schaffen. In Berkeley machten sich Davis und seine Mitarbeiter weiterhin Gedanken über die Beziehung zwischen Dunkler und leuchtender Materie und schlugen vor, die leuchtende Materie sei beim Entkoppeln der Strahlung zu der jeweils größten Konzentration Dunkler Materie in ihrer Umgebung hingezogen worden; leuchtende Materie wäre also nicht gleichmäßig im Raum verteilt, sondern neigte dazu, sich dort anzusammeln, wo bereits große Mengen Dunkler Materie existierten. Wenn wir das Universum durchmustern, sehen wir nicht etwa die Regionen, in denen sich die ganze Dunkle Materie befindet, sondern lediglich die Orte, wo diese genügend leuchtende Materie angezogen hat, um eine Galaxie oder einen galaktischen Haufen hervorzubringen. Unsere Sicht des Universums ist, um einen gebräuchlichen Ausdruck zu benutzen, notwendigerweise «verzerrt», weil wir nur die leuchtende Materie wahrnehmen. Das Team aus Berkeley vertritt die Auffassung, die Dunkle Materie sei möglicherweise viel gleichmäßiger verteilt als leuchtende Materie, so daß die großen Leerräume, die wir sehen, in Wirklichkeit Dunkle Materie enthalten könnten.

Vielleicht hilft eine Analogie, um diese «verzerrte» Sicht des Universums, die kalte Dunkle Materie als dessen Grundlage voraussetzt, zu verdeutlichen. Wie Sie vielleicht wissen, ist der Meeresboden von lauter kleinen Hügeln und Bergen übersät. Nehmen wir an, diese Erhebungen seien mehr oder weniger gleichmäßig über den Meeresboden verteilt, der Boden insgesamt jedoch habe großräumige sanfte Wölbungen, wie in Abbildung 21 dargestellt.

Könnten Sie den gesamten Meeresboden überblicken, würden Sie den Eindruck gewinnen, die Berge seien mehr oder weniger wahllos verteilt – es gäbe keine Anzeichen für das, was wir großräumige Struktur genannt haben. Nehmen wir nun an, Sie könnten nur das über den Meeresspiegel hinausragende Land sehen. Dann böte sich

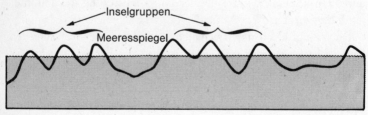

Abb. 21

Ihnen – wie die Abbildung zeigt – ein anderer Blick: das Meer, unterbrochen von einer Reihe von Inseln, und diese Inseln würden in Regionen, wo die hohen Gebiete der sanften Wölbungen anzutreffen sind, zur Haufenbildung neigen. Betrachtete man nur die Inseln, gelangte man zu dem Schluß, Unterwasserhügel kämen in Haufen vor und der Meeresboden habe eine Struktur, in der Regionen mit hoher Hügelkonzentration von großen Lücken durchsetzt seien – Lücken, die man als weite Strecken offenen Wassers ohne jegliche Insel wahrnimmt.

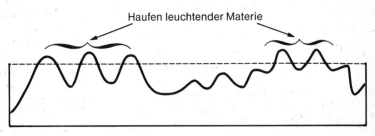

Abb. 22

In genau der gleichen Weise, so argumentieren die Theoretiker, zeichnen die Leerräume und Netzstrukturen, die wir am Himmel erkennen, nicht die wahre Verteilung der Materie im Universum nach, sondern nur die Gipfel oder die Spitzen der Dichteverteilung. Diese Vorstellung setzen sie folgendermaßen um. Zunächst berechnen sie die Verteilung der kalten Dunklen Materie, die nach ihrem Modell zu erwarten ist, und erhalten ein Ergebnis, das der Abbildung 22 ähnelt. Danach nehmen sie nur die Spitzen dieser Verteilung – die über die gestrichelte Linie hinausragenden Teile – und bezeichnen diese als die Orte, an denen wir leuchtende Materie zu Galaxien angesammelt sehen.

Mit Hilfe dieses Verfahrens haben Davis und seine Kollegen Pläne von Galaxienverteilungen erarbeitet, die den beobachteten Anordnungen am Himmel sehr ähneln. Ob uns dies nun allerdings die Struktur des Universums erschließt, sei dahingestellt. Das Modell bereitet weiterhin Schwierigkeiten, große Leerräume mit scharfen Rändern zu erklären. Da war die Entdeckung kleiner Galaxien im Bootes-Leerraum für die Theoretiker im wahrsten Sinne des Wortes ein Geschenk des Himmels, denn sie befreite sie von der Notwendigkeit, die *gesamte* leuchtende Materie aus den Leerräumen herauszuhalten. Meiner Ansicht nach kann die kalte Dunkle Materie mitsamt Verzerrung als eine Erklärung für die Struktur des Universums im Augenblick nicht ausgeschlossen werden. Ihre Befürworter verbringen jedenfalls viel Zeit damit, Angriffe abzuwehren, während sie versuchen, die Risse in der Theorie zu kitten. Es würde mich allerdings überraschen, wenn sie sich als endgültige Lösung unseres Problems herausstellen sollte. Marc Davis selbst sagte kürzlich bei einem Treffen, er glaube «auch nur jeden zweiten Mittwoch» daran. Trotzdem liegt diese Theorie gut im Rennen.

Und nun?

Es sieht so aus, als spiele die Dunkle Materie eine wichtige Rolle bei der Erschaffung der großräumigen Struktur im Universum, weil sie sich früh entkoppeln und Massenkonzentrationen bilden kann, von denen später die leuchtende Materie angezogen wird. Sollte dies der Wahrheit entsprechen, ergeben sich daraus ein paar naheliegende Fragen. Eine davon, der wir im nächsten Kapitel nachgehen werden, lautet: Wieviel Dunkle Materie gibt es im Universum? Die zweite Frage ist, woraus sie besteht.

Es scheint, als brauchten wir, um zu einem Universum mit großräumigen Strukturen zu kommen, nichts weiter als Materie, bestehend aus Teilchen, die massiv sind (damit sie Schwerkraft ausüben können) und sich bei der Entkopplung langsam bewegen. Abgesehen von diesen bescheidenen Erfordernissen legt die Kosmologie der Form, die die Teilchen der Dunklen Materie annehmen können, keinerlei Beschränkungen auf. Und das ist gut so, denn es führte dazu, daß sich die Kosmologie nicht zu stark auf einen bestimmten

Kandidaten für die Dunkle Materie festgelegt hat. Gleichzeitig aber schränkt dieser Mangel an genauen Angaben uns darin ein, zu bestimmen, was Dunkle Materie ist. Sie werden sehen: Zu sagen, wir wissen nicht, woraus 90 Prozent des Universums bestehen, aber wir wissen mit Sicherheit, daß es etwas ist, was wir noch nie gesehen haben, ist das Beste, was wir in dieser Phase unserer Überlegungen tun können.

Acht

Dunkle Materie und fehlende Masse: Wieviel müßte vorhanden sein?

> Siehe, es ging ein Säemann aus, zu sähen.
> Und indem er säte, fiel etliches an den Weg;
>   da kamen die Vögel und fraßen's auf.
> Etliches fiel auf das Felsige,
>   wo es nicht viel Erde hatte...
> Etliches fiel unter die Dornen;
>   und die Dornen wuchsen auf und erstickten's.
> Etliches fiel auf ein gutes Land
>   und trug Frucht...
>
> MATTHÄUS 13,3–9

Auf den ersten Blick sollte man meinen, die Entdeckung eines Phänomens wie das der Dunklen Materie müßte die Astronomen in höchste Erregung versetzen und alle möglichen Kontroversen und Dispute hervorrufen zwischen den jungen Heißspornen, die darauf aus sind, die Wissenschaft weiterzuentwickeln, und der alten Garde, die traditionelle Ansichten zu verteidigen sucht. In Wirklichkeit ist ein solcher Streit nie ausgebrochen. Ja, es scheint, als sei die Entdeckung Dunkler Materie eines der bestgehüteten Geheimnisse der modernen Wissenschaft. Das laute Gähnen, mit dem die ersten Ankündigungen dieser Entdeckung begrüßt wurden, ist darauf zurückzuführen, daß die meisten Astronomen schon seit langem davon überzeugt waren, daß irgendwo eine solche Masse existieren muß. Sie hatten ihr sogar einen Namen gegeben – «fehlende Masse» –, bevor auch nur ein einziges Beweisstück für ihre Existenz zutage gefördert worden war.

Ästhetische Kriterien in der Wissenschaft   129

Zum weitverbreiteten Image des Wissenschaftlers gehört die Vorstellung, er sei ein sturer «Beweis mir das»-Typ, der erst etwas glaubt, wenn es bis zum Gehtnichtmehr im Labor getestet worden ist. In Wirklichkeit spielen ästhetische Kriterien wie Schönheit, Eleganz und Einfachheit im wissenschaftlichen Denken eine viel größere Rolle, als allgemein vermutet wird. Wenn jemand eine Idee vorträgt, die nicht schön ist – an der sich nicht das Herz erfreuen kann –, muß er schon überwältigende Beweise auftischen, bevor sie in die wissenschaftliche Hauptströmung einfließen wird.

Ich habe eine einfache Faustregel gefunden, mit der sich feststellen läßt, wie schwer es jemand haben wird, seine Vorstellungen der Forschergilde zu verkaufen. Wenn jemand in einem Referat eine Idee vorstellt, schaue ich mir einfach die Zuhörer an. Lächeln und nicken die Leute, wenn sie etwas kapieren, weiß ich, daß alles glatt geht. Wenn nicht, sieht's schlecht aus. Die Aufnahme der Dunklen Materie in den Bestand der Standard-Wissenschaft folgte genau diesem Muster.

Wird eine Idee ohne weiteres gebilligt, heißt das normalerweise, daß sie etwas zum Ausdruck bringt, was die Leute wollen, für das also der Boden bereitet ist. Hubbles Bild vom expandierenden Universum führt, wie wir bald sehen werden, zu dem erleichternden Gefühl, daß ein Weltall, in dem ein großer Teil der Materie unsichtbar bleibt, schöner, natürlicher ist als ein Universum, in dem alles leuchtet. Deshalb setzte nach der Entdeckung der Dunklen Materie das große Lächeln und Kopfnicken ein, und jeder sagte: «Natürlich – wie könnte es anders sein?» Es schien so selbstverständlich, daß sich niemand die Mühe machte, den Journalisten davon zu erzählen.

Der Speer des Archytas in einem expandierenden Universum

Erinnern wir uns an Archytas' Argument für ein unendliches Universum, mit dem ich dieses Buch begonnen habe. Sein Gedankengang hat einen Haken: die Flugrichtung des Speers. Sein Speerwerfer sollte zum Rand des Universums gehen und den Speer *horizontal* fortschleudern. Was er sich vorstellte (und woran wir beim Lesen seiner Argumentation denken), ähnelt der in Abbildung 23 (links) gezeigten Situation. Der Speer wird so geworfen, daß die Schwerkraft senkrecht zur Wurfrichtung auf ihn einwirkt.

Im expandierenden Universum dagegen geriete der Speerwerfer in eine Situation, die der im rechten Bild dargestellten gliche. Der Speer würde nach draußen geschleudert werden, und die Gravitationskraft würde in Richtung des Wurfes gegen die Richtung der Bewegung wirken. Das heißt, sie verlangsamte den Flug des Speers und zöge ihn möglicherweise zurück ins bekannte Universum. Lebte Archytas heute, würde er uns sicher darin zustimmen, daß der *vertikale* Wurf das beste Manöver ist, um die Größe des Universums festzustellen. Man muß es dem Speer, der von der Erde fortfliegt, nur ermöglichen, die Schwerkraft zu überwinden, die versucht, ihn wieder hinunterzuziehen.

Abb. 23

Der Speer des Archytas: Quasare   131

In der heutigen Zeit ist der Speer des Archytas ein Quasar wie beispielsweise das am weitesten von uns entfernte Objekt, das jemals beobachtet wurde: der sogenannte QSO 1208 + 1011. Der Speerwerfer hat dieses Objekt so geworfen, daß es sich mit annähernder Lichtgeschwindigkeit von uns (und dem größten Teil des uns bekannten Universums) fortbewegt. Die Frage, die sich für uns an dieses «quasistellare Objekt» knüpft, ist identisch mit der des Archytas bezüglich seines Speers: Wird es immer weiter von uns fortfliegen oder irgendwann umkehren und zurückkommen?

Stünde der Speerwerfer auf der Erdoberfläche statt am Rand des Universums, könnten wir die Frage leicht beantworten. Wir wissen, wieviel Materie die Erde hat, und könnten daher genau angeben, wie groß die auf den Speer ausgeübte Schwerkraft wäre. Ein einziger Faktor entscheidet darüber, ob der Speer in den Weltraum entkommen kann oder zurück zur Erde fällt: seine Geschwindigkeit. Bewegt er sich schneller als elf Kilometer pro Sekunde, wird er entkommen. Wenn nicht, fällt er zurück. Das ist alles. Archytas wäre es schwergefallen, sich einen Speer mit dieser Geschwindigkeit vorzustellen; die Speerwerfer bei der NASA erreichen sie ohne irgendwelche Schwierigkeiten.

Mit fernen Quasaren haben wir genau das umgekehrte Problem wie mit dem von der Erde entkommenden Speer. Beim Speerwurf kennen wir die Masse der Erde und müssen die Geschwindigkeit berechnen, die der Speer benötigt, um ihre Schwerkraft zu überwinden. Beim Quasar kennen wir zwar die Geschwindigkeit, aber wir wissen nicht, wie groß die Masse ist, die ihn zurückzieht.

Denkt man über das Schicksal des am weitesten entfernten Quasars nach, erkennt man leicht, daß es nur eine Kraft gibt, die ihn verlangsamen könnte: die Gravitationsanziehung der restlichen Masse im All. Die Gesamtmasse des Universums ist in diesem Fall die Parallele zur Gesamtmasse der Erde, die auf den von der Erdoberfläche in vertikaler Richtung fortgeschleuderten Speer einwirkt. Beide Massen bestimmen, wie groß die Fluchtgeschwindigkeit eines Objektes höchstens sein kann, um noch zurückzukehren. Wenn wir also die Frage stellen, ob der quasistellare Speer jemals umkehren wird, fragen wir in Wirklichkeit nach der Gesamtmasse des Universums: Wieviel wiegt es?

Da Dunkle Materie wie ihr leuchtendes Pendant Schwerkraft ausüben kann, wird auch sie den fernen Quasar durch ihre Massenanziehung beeinflussen. Dies sei, obwohl es offensichtlich ist, betont: Beim «Wiegen» des Universums müssen wir sowohl die Dunkle als auch die leuchtende Materie in die Waagschale werfen, um eine zuverlässige Antwort zu bekommen.

Die Kraft, die auf einen fernen Quasar wirkt, betrifft eine der wichtigsten Fragen, die die Kosmologie beschäftigt: Wird die Expansion des Universums ewig voranschreiten oder eines Tages zum Stillstand kommen und sich umkehren? Seitdem nachgewiesen wurde, daß sich das Universum ausdehnt, wird diese Frage mit großer Aufmerksamkeit verfolgt.

Es gibt nur drei Möglichkeiten, sie zu beantworten, und jede entspricht einer anderen Art von Universum: 1. Möglicherweise gibt es nicht genügend Materie im Universum, um die Expansion umzukehren. In diesem Fall werden die sich nach außen bewegenden Quasare und Galaxien mit der Zeit langsamer werden, niemals jedoch zum Stillstand kommen. Wir sprechen dann von einem *offenen* Universum. 2. Vielleicht gibt es so viel Masse, daß sie die Expansion bis zum Stillstand abbremst und zur Umkehr zwingen wird. Die im Augenblick beobachtbare Ausdehnung des Universums wird dann in einen Schrumpfungsprozeß übergehen, der schließlich im Großen Kollaps («Big Crunch») endet. In diesem Fall sprechen wir von einem *geschlossenen* Universum. 3. Die Masse des Universums könnte exakt so groß sein, daß die Gravitationswirkung gerade ausreicht, um die entferntesten Objekte zu verlangsamen und schließlich, nach unendlich langer Zeit, zum Stillstand zu bringen. In diesem Fall wird sich die Expansion ständig verlangsamen und in unendlich ferner Zukunft einmal aufhören, sich jedoch

Offenes, geschlossenes und flaches Universum 133

niemals umkehren. Ein solches Universum wird als *flach* bezeichnet. Das flache Universum ist die interessanteste der drei Möglichkeiten.

Bis jetzt habe ich die Expansion in bezug auf die Gravitation erörtert, die die Fluchtgeschwindigkeit ferner Galaxien verlangsamt. Dies ist eine für uns leicht verständliche Ausdrucksweise, weil sie unserer Alltagserfahrung entspricht. Aber ein Astrophysiker hat dafür andere Begriffe. In der wissenschaftlichen Literatur ist es üblich, sich in der Terminologie der allgemeinen Relativitätstheorie auszudrücken. Mit anderen Worten, wir haben bisher die uns vertrautere Sprache Newtons benutzt. Jetzt werde ich ein wenig abschweifen und Ihnen die Sprache Einsteins vorstellen. Es lohnt sich – einerseits ist sie in sich interessant genug, und andererseits erleichtert sie uns den Zugang zu einigen Themen, auf die wir später stoßen werden.

«Offen» und «geschlossen» in der allgemeinen Relativitätstheorie

Das erste, was Sie über die allgemeine Relativitätstheorie wissen sollten, ist, daß sie dem Verstand auf der begrifflichen Ebene keine allzu schlimme Anstrengung abverlangt. Die weitverbreitete Vorstellung, Relativität sei etwas, womit nur bärtige, unverständliches Zeug nuschelnde Wissenschaftler umgehen könnten, ist ein Mythos. Auch stimmt es nicht, daß nur ein Dutzend Leute auf der Welt sie begreift. Das war vielleicht in den zwanziger Jahren so, aber heute ist diese Annahme einfach lächerlich. Studenten werden schon in einführenden Astronomie- und Physikseminaren mit den grundlegenden Konzepten der Relativität vertraut gemacht, und selbst die vollständige mathematische Version der Theorie wird jährlich allein in den USA Hunderten von Studenten vermittelt. Ich hoffe, daß am Ende dieser Abschweifung deutlich sein wird, daß jeder die Relativität verstehen kann, der willens ist, sich ihr aufmerksam zuzuwenden.

134 Dunkle Materie und fehlende Masse: Wieviel müßte vorhanden sein?

Beginnen wir also gleich mit einem der abschreckenderen Konzepte, nämlich dem der vierdimensionalen Raumzeit. Die meisten Leute sind überrascht, wenn sie feststellen, daß sie dieses Konzept schon die ganze Zeit benutzt haben. Wie lang ist es her, daß Sie das letzte Mal etwas gesagt haben wie «Ich werde nächsten Mittwoch in Moskau sein»? Dieser Satz enthält zwei Informationen – eine zum *Wann* und eine zum *Wo*.

Wie viele Zahlenangaben benötigen Sie, um dieses *Wann* und *Wo* zu bezeichnen? Zunächst müßten Sie die Lage Moskaus angeben. Dafür wären drei Zahlen erforderlich. Sie könnten beispielsweise den Breitengrad, den Längengrad und die Höhe bestimmen, um den Punkt im Raum anzugeben, den wir Moskau nennen. Man braucht also im allgemeinen drei Koordinaten, um einen Punkt in unserem normalen dreidimensionalen Raum anzugeben. Außerdem benötigen Sie eine Zahl, um die Zeit genau zu bestimmen, auf die Ihr Satz hinweist, beispielsweise die Ankunftszeit Ihres Flugzeugs am Mittwoch. Somit sind vier Koordinaten erforderlich, um die Aussage des Satzes exakt wiederzugeben – drei für die räumliche Position und eine für den Zeitpunkt. Zusammen ergeben diese Koordinaten eine vierdimensionale Beschreibung.

Im Alltag empfinden wir die Zeit normalerweise nicht als eine vierte Dimension, da wir glauben, sie fließe konstant, unabhängig vom Standort des Betrachters, sei also in Nairobi oder auf Alpha Centauri die gleiche wie in Moskau. Für den Alltagsgebrauch ist diese Vorstellung sicher mehr oder weniger richtig – richtig genug jedenfalls für unsere Handhabung der Zeit. Uhren gehen nicht anders, wenn wir uns von einem Ort zum nächsten fortbewegen, und auch die Geschwindigkeit der Fortbewegung – ob wir mit einem Flugzeug oder mit dem Auto reisen – verändert die Uhrzeit nicht.*

Bewegen wir uns jedoch mit annähernder Lichtgeschwindigkeit

---

* Die mit Zeitzonen verbundenen Veränderungen, die ja nur von Menschen getroffene Vereinbarungen sind, spielen hier keine Rolle.

Raumzeit – das Prinzip der Relativität 135

oder befinden uns in der Nähe sehr großer Massen, geben unsere gewohnten Erwartungen hinsichtlich der Unabhängigkeit von Zeit und Raum das Universum nicht mehr korrekt wieder. Unter diesen ungewöhnlichen Umständen verbindet sich die vierte Dimension Zeit untrennbar mit den anderen drei Dimensionen. So wie Sie allein durch die Veränderung des Breiten- und Längengrades nicht von Hamburg nach Frankfurt kommen (denn Sie müssen ja außerdem noch einen Höhenunterschied bewältigen), so stellen Sie bei einem Vergleich der Bewegungen zweier schnell fliegender Raumkapseln nicht nur in den Raumdimensionen, sondern auch in der vierten Dimension Zeit einen Unterschied fest. Die Uhren in den beiden Kapseln gehen verschieden.* Dieser Zusammenhang erklärt, warum wir in der Newtonschen Physik von «Raum und Zeit», in der modernen relativistischen Physik dagegen von «Raumzeit» oder «Raum-Zeit-Kontinuum» sprechen.

Nun sind Sie auf ein weiteres Konzept der Relativitätstheorie vorbereitet: die «gekrümmte Raumzeit». Bei jedem Versuch, die großräumige Struktur des Universums zu verstehen, spielt dieser Gedanke eine wichtige Rolle. Aber zunächst will ich auf einen anderen Punkt eingehen. Es gibt zwei verschiedene Relativitätstheorien: die spezielle und die allgemeine. Beide sind von demselben Grundprinzip abgeleitet, dem Prinzip der Relativität. Es besagt: *Die Naturgesetze sind für jeden Beobachter die gleichen.*

Wenn sich die Beobachter mit konstanten Geschwindigkeiten bewegen, führen uns die mathematischen Implikationen dieses Prinzips zur speziellen Relativitätstheorie. Diese 1905 veröffentlichte Theorie Einsteins beschreibt die meisten der inzwischen vielfach dargestellten, unerwarteten Auswirkungen der Relativität – Uhren in schneller Bewegung, die «nachgehen», Körper, die mit zuneh-

---

* Um genauer zu sein: Uhren, die sich in Bewegung befinden, gehen bei *jeder* Geschwindigkeit gegeneinander verschieden. Doch ist diese Veränderung nur nahe der Lichtgeschwindigkeit signifikant. Eine vollständigere Erörterung der allgemeinen Relativität finden Sie in meinem Buch «The Unexpected Vista».

136 Dunkle Materie und fehlende Masse: Wieviel müßte vorhanden sein?

mender Geschwindigkeit schwerer werden, und so weiter. Diese Theorie ist in allen Aspekten bestätigt worden. So sind zum Beispiel die gigantischen Teilchenbeschleuniger, die Protonen annähernd auf Lichtgeschwindigkeit beschleunigen, nach den Prinzipien der speziellen Relativität konstruiert worden. Die Tatsache, daß sie funktionieren, liefert Tag für Tag eine Bestätigung dieser Theorie.

Wenn wir unsere Definition des «Beobachters» erweitern, so daß sie auch jene Beobachter mit einschließt, deren Bewegungsgeschwindigkeit sich beschleunigt, führen uns die Implikationen des Prinzips zur allgemeinen Relativitätstheorie, die – mathematisch gesehen – viel schwieriger ist. Einstein veröffentlichte sie 1915. Die allgemeine Relativitätstheorie ist bis heute die beste Theorie der Gravitation, über die wir verfügen, und aus ihr ergibt sich auch das Konzept der gekrümmten Raumzeit. Ich will jetzt versuchen zu zeigen, wie Beschleunigung und Gravitation durch das Relativitätsprinzip miteinander verbunden sind, und werde Sie anschließend mit einer einfachen Methode vertraut machen, sich das Universum aus der Perspektive Einsteins vorzustellen.

Sicher sind Sie schon einmal im Erdgeschoß eines hohen Gebäudes in einen Fahrstuhl gestiegen und haben beim Start das Gefühl gehabt, in den Boden gedrückt zu werden. Und genauso werden Sie das Gefühl kennen, beinahe zu schweben, wenn Sie in der obersten Etage einsteigen und der Fahrstuhl seine Abwärtsfahrt beginnt. Diese Gefühle sind keine Illusion. Stünden Sie im Fahrstuhl auf einer Personenwaage, könnten Sie ablesen, daß sich bei der Beschleunigung nach oben tatsächlich Ihr Gewicht vergrößert und bei der Beschleunigung nach unten vermindert.*

Die Veränderung Ihres scheinbaren Gewichts in einem sich bewegenden Aufzug ist mit der Beschleunigung oder Verlangsamung

---

* Wenn Sie auf die Idee kommen, dieses Experiment auszuprobieren, rate ich ihnen, es zu einer Zeit zu tun, in der möglichst wenige Menschen dabei sind. Ich habe es im Sears Tower in Chicago gemacht, dem höchsten Gebäude der Welt, und die Leute, die mit mir im Fahrstuhl fuhren, haben mir sehr seltsame Blicke zugeworfen.

des Fahrstuhls verbunden. (Sie spüren die Veränderung nur, wenn sich der Aufzug in Bewegung setzt und wenn er anhält.) Deshalb ist, kurz gesagt, die allgemeine Relativitätstheorie eine Theorie der Schwerkraft. Dem Relativitätsprinzip zufolge muß jeder Beobachter, beschleunigt oder nicht, dieselben Naturgesetze in seinem Bezugssystem wahrnehmen. Wenn Sie es als ein Experiment betrachten, auf eine Waage zu treten und die Anzeige zu beobachten, folgt aus dem Prinzip: Es ist unmöglich festzustellen, ob die Gewichtsanzeige darauf zurückzuführen ist, daß Sie auf einem Schwerkraft ausübenden Körper wie der Erde stehen oder in einem sich beschleunigenden Körper in den Tiefen des interstellaren Raums sitzen. Wenn in beiden Fällen die Waage dasselbe anzeigt, haben Sie dasselbe Gewicht. Kurz, das Prinzip weist darauf hin, daß es kein von uns durchführbares Experiment gibt, um festzustellen, ob wir uns auf der Oberfläche eines Planeten befinden oder in einem Raumschiff, dessen Geschwindigkeit zunimmt.

Diese Verbindung zwischen Beschleunigung und den Schwerkraftwirkungen ist der Grundstein der allgemeinen Relativitätstheorie. Die dazugehörige Mathematik, die von dieser Verbindung ausgeht und sie bis zu ihren logischen Schlüssen verfolgt, ist recht schwierig, doch lassen sich die Ergebnisse dieses Vorgangs gut bildlich darstellen, besonders mit Hilfe folgender Analogie.

Stellen Sie sich ein flexibles Gummituch vor, auf das ein Gittermuster gezeichnet ist, wie es Abbildung 24 (links) zeigt. Stellen Sie sich dann weiter vor, sie ließen eine Metallkugel auf das Tuch fallen.

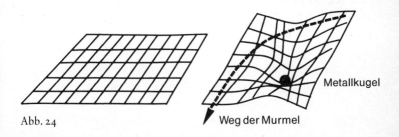

Abb. 24   Weg der Murmel   Metallkugel

Das Ergebnis wäre ein verzerrtes Tuch, wie im rechten Bild dargestellt. Wenn Sie nun eine Murmel über das Tuch rollen lassen, wird sie in ihrem Weg abgelenkt, sobald sie auf die Vertiefung trifft.

Wie in dem Aufzug gibt es auch hier keine Möglichkeit festzustellen, ob die Murmel abgelenkt wird, weil das Gummituch verzerrt ist oder weil eine Massenanziehung zwischen der Murmel und der Metallkugel auftritt. Mit anderen Worten: Was die Bewegung der Murmel betrifft, so gibt es keinen Unterschied zwischen einem Universum, in dem Massenanziehung zwischen Körpern die Murmel ablenkt, und einem Universum, in dem die durch die Metallkugel hervorgerufene Verzerrung des Gummituchs für die Ablenkung der Murmel verantwortlich ist. In diesen beiden Arten, die Bewegung der Murmel zu betrachten, liegt, im wesentlichen, der Unterschied zwischen Newton und Einstein. In Einsteins Universum treten keine Schwerkräfte auf. Die Anwesenheit von Materie krümmt die Struktur der Raumzeit, so wie die Anwesenheit der Metallkugel das Gummituch verzerrt. Lassen Sie uns Bewegungen, die man gewöhnlich dem Wirken von Schwerkräften zuschreibt, nun einmal so betrachten, als seien sie auf Verzerrungen in der Struktur der Raumzeit zurückzuführen, die durch Anwesenheit von Materie verursacht wurden. Es ist nicht etwa so, daß Einsteins Universum dem Universum Newtons widerspräche – eher sind die gleichen beobachteten Tatsachen unterschiedlich interpretiert worden.

Wir können beispielsweise die oben erörterte Frage, ob das Universum offen oder geschlossen ist, in der Sprache der allgemeinen Relativität neu formulieren. Angenommen, die Masse der Metallkugel in unserem Beispiel nimmt zu; dann entsteht eine Situation, in der das durch das Gewicht verursachte Loch immer tiefer wird, bis es das Stadium erreicht, wo es sich selbst einschließt.

Stellen Sie sich jetzt vor, was innerhalb der von der großen Metallkugelmasse erzeugten, in sich abgeschlossenen Sphäre mit einer Murmel geschähe. Man könnte die Murmel von unten hochstoßen und ihr dadurch einen kleinen Impuls geben; dann würde sie die Innenwände der Blase ein wenig hinaufrollen und wieder hinunter-

«Offen» und «geschlossen» in der allgemeinen Relativitätstheorie 139

fallen (Abbildung 25, links). Wenn Sie dagegen der Murmel einen sehr starken Impuls geben, so daß sie mit hoher Geschwindigkeit hochkatapultiert wird, wird sie um die Innenwand herumlaufen. Doch wie hoch die Geschwindigkeit der Murmel auch sein mag, früher oder später wird sie wieder an ihrem Ausgangspunkt zur Ruhe kommen. Dies ist eine recht exakte Analogie zu dem, was wir «geschlossenes Universum» genannt haben. Anders formuliert: Wenn die Masse der Kugel groß genug ist, können Sie den Newtonschen Standpunkt einnehmen und sagen, sie übe so viel Schwerkraft aus, daß sie die Murmel zurückzieht. Sie können aber auch Einsteins Ansicht vertreten und sagen, die Masse sei so groß, daß sie den Raum in sich selbst zurückkrümmt (ihn «schließt»). Auf beiden Wegen kommen Sie zu dem gleichen Ergebnis.

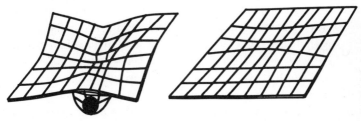

Abb. 25

Wenn die Masse der Kugel eine bestimmte Größe nicht überschreitet, erhalten wir ein Universum, das «flach» ist. In weiter Entfernung von der Kugel nimmt das Gitter seine mehr oder weniger unverzerrte Form an. Wie in Abbildung 25 (rechts) dargestellt, wird es eine flache Oberfläche bilden, auf der die Murmel geradeaus rollen kann (daher die Bezeichnung «flaches Universum»).

Ist die Masse geringer als die zur Erzeugung von Flachheit benötigte Menge, dann ist das Universum offen. Diese Situation läßt sich wirklich nicht sehr gut auf einem zweidimensionalen Blatt Papier zeichnerisch darstellen (immerhin geht es um vier Dimensionen). Als grobe Analogie zum offenen Universum fällt mir die Oberfläche eines Sattels ein – kommt eine Murmel erst einmal ins Rollen, rollt sie immer weiter und kommt nie zurück.

Wie Sie sehen, gibt es manche Ähnlichkeiten zwischen der traditionellen und der relativistischen Art, Bewegung zu betrachten. Das sollte niemanden überraschen – beide beschreiben die gleiche Gravitationskraft. Wenn Sie sich näher damit beschäftigen, finden Sie nur wenige Fälle, in denen die Unterschiede zwischen den beiden Möglichkeiten, Schwerkraft zu interpretieren, im meßbaren Bereich liegen. Relativistische Effekte treten im allgemeinen bei sehr großen Entfernungen und sehr großen Massenkonzentrationen auf; in unserem Nahbereich des Universums, also im Bereich weniger Millionen Lichtjahre, zeigen alle Messungen, daß die Newtonsche Gravitationstheorie die Vorgänge gut beschreibt und daß die allgemeine Relativitätstheorie nur zu kleinen, wenn auch darstellbaren Korrekturen führt.

Daraus ergibt sich eine überraschende Situation in der modernen Wissenschaftsgeschichte. Die allgemeine Relativitätstheorie ist, im Gegensatz zur speziellen, in lediglich zwei Situationen gründlich überprüft worden.* Obwohl sie eine der revolutionärsten Theorien ist, die jemals vorgeschlagen wurden, haben sie die Wissenschaftler fast ausschließlich aus ästhetischen Gründen gebilligt. Sie wird akzeptiert, weil sie schön und elegant ist und deshalb richtig sein muß. Diese Zustimmung ist das beste mir bekannte Beispiel dafür, wie wissenschaftliche Schlußfolgerungen häufig durch Prozesse beeinflußt werden, die wesentlich komplexer sind als ein einfaches Abwägen experimenteller Daten.

Eins jedenfalls ist klar: Welches Begriffssystem wir auch benutzen, um die Frage zu formulieren, ob das Universum offen oder

---

* Es handelt sich um die Krümmung des Lichts und der Radiowellen, wenn sie an der Sonne vorbeikommen, und um bestimmte minimale Auswirkungen auf die Umlaufbahn des Planeten Merkur. Ein dritter Test, nämlich die Messung der Rotverschiebung des Lichts, während es aus dem Gravitationstrichter der Erde heraustritt, prüft wohl eher das Relativitätsprinzip als die Details der Theorie.

geschlossen ist, die Antwort hängt von einer bestimmten Größe ab – der Gesamtmasse des Universums. Bezüglich dieser Größe können wir zwei verschiedene Fragen stellen: Wieviel Masse gibt es und wieviel Masse müßte es geben?

Wieviel Materie können wir sehen?

Die Gesamtmenge der Materie im Universum wird gewöhnlich relativ zu einer Größe angegeben, die man kritische Dichte nennt und mit dem Symbol Ω_c bezeichnet. Das ist die Massendichte, die zu einem flachen Universum führt. Ist die tatsächliche Dichte geringer als dieser Wert, ist das Universum offen; liegt sie höher, ist es geschlossen. Die kritische Dichte ist nicht sehr groß. Sie entspricht etwa einem Proton pro Kubikmeter Raumvolumen. Dies scheint wenig zu sein angesichts der vielen Atome in einem Kubikmeter Erde, doch muß man berücksichtigen, daß es im Weltall ungeheuer viel leeren Raum zwischen den Galaxien gibt.

Die Menge leuchtender Materie im Universum zu schätzen, ist verhältnismäßig einfach. Wir kennen die Helligkeit eines durchschnittlichen Sterns, so daß wir die Anzahl der Sterne in einer fernen Galaxie schätzen können. Daraufhin können wir die Anzahl der Galaxien in einem bestimmten Raumvolumen zählen und die gefundenen Massen addieren. Wenn wir die Masse durch Raumvolumen dividieren, erhalten wir die durchschnittliche Dichte der Materie in diesem Volumen. Das Ergebnis: Die Dichte der leuchtenden Materie beträgt etwa 1 bis 2 Prozent der kritischen Dichte – weit weniger, als für ein geschlossenes Universum nötig wäre. Andererseits kommt dieses Resultat dem kritischen Wert nahe genug, um uns nachdenklich zu stimmen. Im Prinzip hätte sich ja auch nur ein Milliardstel oder Billionstel, genausogut aber auch eine Million mal soviel leuchtende Materie ergeben können. Warum also reicht die gemessene Masse unter all den unendlich vielen möglichen Massen im Universum derart nahe an den kritischen Wert heran?

Man kann natürlich immer argumentieren, dies sei ein kosmischer Zufall – die Dinge «geschähen nun mal einfach so». Allerdings fiele es mir schwer, diese Erklärung zu akzeptieren, und ich vermute, anderen ginge es ebenso. Es ist verführerisch zu meinen, das Universum habe die kritische Masse, und uns will es nur irgendwie nicht gelingen, die Gesamtmenge zu sehen.

Angeregt durch diese Spekulationen fingen Astronomen an, über «fehlende Masse» zu diskutieren, worunter sie Materie verstanden, die den Unterschied zwischen der beobachteten und der kritischen Dichte ausgleicht. Dieser Ausdruck gefiel mir nie. Wenn man etwas als «fehlend» bezeichnet, bedeutet dies, daß es eigentlich anwesend sein muß. Wir haben keinen Beweis dafür, daß irgendeine Masse «fehlt», nur so ein Gefühl, daß von dem Zeug da draußen noch mehr versteckt sein könnte.

Genau diese Neigung, an die fehlende Masse und damit an ein Universum zu glauben, das mehr Masse hat, als die Berechnung leuchtender Materie ergibt, meinte ich, als ich zu Beginn des Kapitels davon sprach, daß der Boden für die Dunkle Materie bereitet gewesen sei. Zu meiner großen Zufriedenheit (und, wie ich zugebe, Überraschung) ist der Begriff «fehlende Masse» in den letzten Jahren aus dem Vokabular der Kosmologen verschwunden und durch den präziseren und neutraleren Ausdruck «Dunkle Materie» ersetzt worden.

Fahren wir fort mit unseren Überlegungen: Die Existenz galaktischer Halos mit Massen, die das Zehnfache der leuchtenden Materie betragen, bringt die Schätzungen der Dichte in einen Bereich zwischen 10 und 20 Prozent des kritischen Wertes. Wähnten wir uns schon allein mit der leuchtenden Materie diesem Grenzwert nahe, so rücken wir jetzt noch erheblich dichter an ihn heran.

Die Entdeckung Dunkler Materie in Galaxienhaufen und Superhaufen ist noch zu neu, um unter Astronomen Einstimmigkeit darüber herrschen zu lassen, wieviel ihr Beitrag zur Gesamtmasse des Universums ausmacht. Augenblicklich findet eine lebhafte Debatte über dieses Thema statt, doch unter dem Strich scheint es so auszusehen, als betrage die gesamte Massendichte des Universums auch nach Hinzufügung dieser zusätzlichen Dunklen Materie noch immer nicht mehr als 30 Prozent des kritischen Wertes.

Ob der Wert dieser Masse im Laufe der Zeit bis zum kritischen Wert ansteigen wird, werde ich in Kapitel 13 erörtern. Ich zitiere hier einfach den britischen Astrophysiker Stephen Hawking, dem ein Kollege erzählte, nun sei endgültig alle Dunkle Materie gefunden worden. Hawking erwiderte: «Vor zwanzig Jahren hattet ihr zwei Prozent. Heute habt ihr dreißig Prozent. Geht lieber raus und schaut noch mal nach!»

Wie groß müßte die Masse des Universums sein? Die Rolle der Inflation

Man führte die hypothetische fehlende Masse ein, weil die beobachtete Dichte im Universum dem kritischen Wert nahekommt. Bis zu Beginn der achtziger Jahre gab es jedoch keinen gesicherten theoretischen Grund für die Annahme, das Universum besitze tatsächlich die kritische Masse. 1981 veröffentlichte Alan Guth, der damals an der Stanford University und heute am Massachusetts Institute of Technology arbeitet, die erste Version einer Theorie, die seitdem unter dem Namen «inflationäres Universum» immer bekannter geworden ist. Seit dieser Zeit ist die Theorie einige Male modifiziert worden, die zentralen Thesen jedoch haben sich nicht verändert. Für unseren Zusammenhang ist das wichtigste Merkmal dieser Theorie, daß sie, zum ersten Mal, triftige theoretische Gründe für die Vermutung lieferte, die Masse des Universums erreiche tatsächlich ihren kritischen Wert.

Diese Vorhersage wird aus Theorien abgeleitet, die das Ausfrieren der starken Kraft, 10^{-35} Sekunden nach dem Urknall, beschreiben. Zu den vielen in dieser Phase ablaufenden Prozessen gehörte eine sehr rasche Ausdehnung des Universums – die Inflation. Aus ihr leitet sich die Vorhersage ab, das Universum müsse flach sein.

Der Prozeß, in dessen Verlauf die starke Kraft ausfriert, ist ein Beispiel für einen Phasenübergang, der in vielerlei Hinsicht dem Gefrieren von Wasser ähnelt. Wenn Wasser sich in Eis verwandelt, dehnt es sich aus; läßt man bei Frost eine Flasche Milch über Nacht draußen stehen, wird sie zerbrechen. In ähnlicher Weise dehnt sich das Universum aus, wenn es bei diesem Ausfrieren der starken Kraft von der einen zur anderen Phase übergeht.

Überraschend ist das gewaltige Ausmaß der Expansion: Die Größe des Universums nahm um einen Faktor von 10^{50} zu! Diese Zahl ist so gigantisch, daß sie den meisten Menschen, dem Autor inklusive, nichts sagt. Ich versuche, sie zu veranschaulichen: Nähme Ihre Körpergröße plötzlich um diesen Faktor zu, würden Sie sich vom einen bis zum anderen Ende des Universums ausdehnen und müßten noch viel zusätzlichen Raum beanspruchen. Selbst ein einzelnes Proton in einem Atom Ihres Körpers wäre noch größer als das Universum, wenn sich seine Dimensionen um 10^{50} erweitern. Bei 10^{-35} Sekunden wuchs das Universum plötzlich von einem Krümmungsradius, der viel kleiner war als heute das kleinste Elementarteilchen, etwa zur Größe einer Pampelmuse an. Kein Wunder, daß dieser Prozeß als «Inflation» bezeichnet wird.

Als ich erstmals vom inflationären Universum hörte, hatte ich Schwierigkeiten mit der Inflationsrate. Widersprach ein derart rasches Wachstum nicht den Einschränkungen der Relativitätstheorie, wonach Bewegungen nicht schneller als das Licht sein können? Bewegte sich nämlich ein materieller Körper in 10^{-35} Sekunden von der einen Seite einer Pampelmuse zur anderen, würde seine Geschwindigkeit die des Lichts erheblich überschreiten.

Die Antwort auf diesen Einwand läßt sich anhand der Brotteig-Analogie (Seite 50f) verdeutlichen. Während der Inflationsphase ist es der Raum selbst – der Brotteig –, der sich ausdehnt. Kein materieller Körper – also keine der Rosinen – bewegt sich innerhalb des Raums mit hoher Geschwindigkeit. Restriktionen für Reisen, die schneller sind als das Licht, gelten nur für Bewegungen *innerhalb* des Raumes, nicht aber für Bewegungen *des Raumes selbst*. Des-

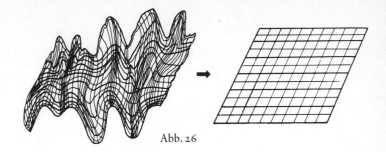

Abb. 26

halb gibt es hier auch keine Widersprüche, obwohl es auf den ersten Blick so scheinen mag. Die Folgen dieser Phase rascher Ausdehnung lassen sich am besten im Rahmen der Einsteinschen Auffassung von der Gravitation beschreiben. Bevor das Universum 10^{-35} Sekunden alt war, gab es vermutlich irgendeine Art von Materieverteilung (wir werden gleich sehen, daß es nicht darauf ankommt, wie sie genau aussah). Aufgrund dieser Materie würde die Raumzeit irgendeine charakteristische Form haben. Nehmen wir an, die in Abbildung 26 (links) gezeigte schnörkelige Oberfläche stelle die Struktur des Universums vor dem Einsetzen der Inflation dar.

Sie können sich die Inflation als Straffung und damit als Ausbreitung des Tuches vorstellen, bis dessen Größe die des gesamten Universums überschreitet. Wie verschlungen auch immer die ursprüngliche Oberfläche war, wenn sie so weit ausgestreckt ist, wird jeder Abschnitt wie die Oberfläche aussehen, die auf dem rechten Bild dargestellt ist. Mit anderen Worten: Das Universum wird flach sein, *egal, auf welche Weise es begonnen hat*. Diese Flachheit ist kein Zufall, sondern eine unausweichliche Konsequenz des physikalischen Geschehens während des Ausfrierens, das bei 10^{-35} Sekunden stattfand.

Ich versichere Ihnen, das Lächeln und Kopfnicken wollte kein Ende nehmen, als Guth die Gelehrtenrunde mit seiner Theorie überraschte. Diese Lösung für das Problem der fehlenden Masse (oder für das «Flachheitsproblem», um den kosmologischen Ausdruck zu benutzen) ist ein perfektes Beispiel für die erwähnte Eleganz einer Theorie. Das Universum ist flach, weil es nicht anders sein kann. Flachheit ist der einzige Zustand, der mit den grundlegenden Gesetzen vereinbar ist, denen die Wechselwirkungen der Elementarteilchen unterliegen. Egal, wie das Universum anfing, es wird flach enden. Eine wirklich schöne Idee!

Es ist erstaunlich, wie vollkommen die Flachheit ist, die die Inflationstheorie vom Universum verlangt. Die Gesamtmasse des Universums muß der kritischen Masse mit einer Genauigkeit von fast $1 : 10^{50}$ gleichkommen. Dies bedeutet, daß der von der Theorie gestattete Toleranzwert sich auf eine Fehlerquote von nicht mehr als einem Proton pro Kubiklichtjahr beläuft, was ungefähr einer Amöbe pro Galaxie entspricht. Es gibt wohl keinen Zweifel, daß eine derartige Präzision für Menschen unerreichbar bleibt, aber sie macht mit Sicherheit die Vorhersage eindeutig.

Mit dem Modell des inflationären Universums liegt uns also zum ersten Mal eine starke theoretische Annahme zugunsten eines flachen Universums vor. Einige Theoretiker sprechen schon von der «Bedingung» der Flachheit. Die Tatsache, daß wir jetzt 30 Prozent der kritischen Masse haben und mit ein wenig Zuversicht erwarten können, auf 100 Prozent zu kommen, läßt die Aufgabe, die Dunkle Materie zu identifizieren, um so wichtiger werden. Ich will mich nun verschiedenen Vorstellungen zuwenden, die sich mit diesem Rätsel beschäftigen.

Neun

Kandidaten für die Dunkle Materie

Verhaften Sie die üblichen Verdächtigen.

*Berühmter Satz aus
dem Film «Casablanca»*

Vieles spricht dafür, daß die Dunkle Materie sowohl für die Evolution als auch für die Struktur des Universums eine entscheidende Rolle spielt – aber was für eine Art von Materie ist das? Es kann uns nicht zufriedenstellen, von einem Verständnis des Universums auszugehen, das die Form seines bei weitem überwiegenden Bestandteils – der Dunklen Materie – nicht berücksichtigt.

Es ist allerdings leichter gesagt, was Dunkle Materie *nicht* ist – gewiß keine ruhmreiche Beschäftigung, aber oft sehr nützlich. Beginnen wir also unsere Nachforschungen zur Identität der Dunklen Materie, indem wir die offensichtlichsten Kandidaten verwerfen. Am Ende dieser ersten Ausscheidungsrunde werden wir zu dem Schluß kommen: Was auch immer Dunkle Materie sein mag, es ist etwas, das man mit größter Wahrscheinlichkeit noch nie auf der Erde gesehen hat.

Baryonische Materie

Die Kerne der Atome, aus denen alle Materie aufgebaut ist, der wir im Alltag begegnen, setzen sich hauptsächlich aus Protonen und Neutronen zusammen. Diese Teilchen sind Mitglieder einer Klasse, die Physiker Baryonen (abgeleitet von dem griechischen Wort *baryos* = schwer) nennen. Physiker meinen damit Materie der vertrauten Art – Materie, deren Atome Kerne haben, die aus Protonen und Neutronen bestehen.

Da wir von baryonischer Materie umgeben sind, liegt es nahe, sie als ersten Kandidaten für Dunkle Materie in Augenschein zu nehmen. Von den «üblichen Verdächtigen» ist sie der offensichtlichste, und es ist unmöglich, mit Sicherheit auszuschließen, daß Dunkle Materie baryonisch ist, doch ist dies aus Gründen, auf die ich bald eingehen werde, nicht sehr wahrscheinlich.

Baryonische Dunkle Materie könnte viele Formen annehmen. Sie könnte ein hauptsächlich aus Wasserstoffatomen und -molekülen bestehendes Gas sein. Es könnte eine Ansammlung von Objekten von der Größe des Jupiter sein, im galaktischen Halo auf ihren Umlaufbahnen kreisen. Es könnten auch braune Zwerge sein, kleine Sterne, die kaum irgendwelche Strahlung abgeben. Viele solcher Körper könnten in der Milchstraße existieren, ohne daß wir sie entdeckt haben müßten. Sie stellten die am wenigsten weitreichende Antwort auf die Frage nach der Identität der Dunklen Materie dar.

Der überzeugendste Beweis gegen eine baryonische Form der Dunklen Materie liegt in den Einschränkungen, die dem Universum durch die Bildung leichter Atomkerne drei Minuten nach dem Urknall auferlegt wurden (siehe Kapitel 3). Sie erinnern sich vielleicht, daß zu diesem Zeitpunkt die Temperatur ein Niveau erreichte, auf dem nach der Verschmelzung eines Protons und eines Neutrons zu einem Atomkern die nachfolgenden Kollisionen nicht mehr stark genug waren, sie auseinanderzureißen. Die Menge leichter Kerne wie ^{4}He und Deuterium im heutigen Universum war eines der Hauptbeweisstücke zur Erhärtung des Urknallmodells.

Das Tempo der Erzeugung leichter Kerne an der Dreiminuten-marke hängt von zwei Faktoren ab: der Temperatur und der Massendichte. Die Temperatur bestimmt, wie schnell sich die Teilchen bei der Kollision bewegen; von ihr hängt es also ab, ob neu gebildete Kerne stabil bleiben. Außerdem können wir aus ihr schließen, ob ein Proton sich bei der Annäherung an einen Kern schnell genug bewegt, um die elektrische Abstoßung zu überwinden, zu der es zwischen diesen beiden positiv geladenen Partikeln kommt. Falls es ihm gelingt, geht aus der Kollision ein größerer Kern hervor. Wenn nicht, wird das Proton wieder zurückgestoßen, und nichts passiert. Die Temperatur regelt die Ereignisse während einer Kollision.

Die Dichte der Materie bestimmt die Häufigkeit dieser Zusammenstöße. War die Dichte an der Dreiminutenmarke groß, kam es ständig zu Kollisionen; war sie dagegen gering, stießen die Teilchen seltener zusammen. Im ersten Fall wären mehr Kerne erzeugt worden, im zweiten entsprechend weniger. Deshalb muß sich, als das Universum drei Minuten alt war, die Dichte der Teilchen, die bei Kollisionen Kerne bilden konnten (und die wir baryonische Materie genannt haben), entscheidend darauf ausgewirkt haben, wie viele leichte Kerne zu diesem Zeitpunkt entstanden.

Im dritten Kapitel erfuhren wir, daß die beobachtete Häufigkeit von leichten Kernen den Vorhersagen der Urknalltheorien sehr nahe kam. Dieser Befund stützt die Theorie, aber er zeigt auch, wie klein der Spielraum für Veränderungen ist. Erhöhen wir die Dichte, indem wir eine große Menge Dunkler Materie in Form von Baryonen hinzufügen, wird die Bildung leichter Kerne steigen, und die vorhergesagten Werte für die Heliumhäufigkeit werden über die Grenzwerte hinausgehen, die sich aus unseren Beobachtungen ergeben. Wenn es im Universum sehr viele Objekte wie die erwähnten von der Größe des Jupiter in galaktischen Halos geben soll, müssen die Kerne in den Atomen, aus denen diese Objekte bestehen, von irgendwoher kommen, und als einzige Quelle bleibt die Kernsynthese an der Dreiminutenmarke.

Der Deuteriumkern (Deuteron, bestehend aus einem Proton und

einem Neutron) erweist sich als guter Indikator für die Werte der Massendichte in den frühen Stadien des Urknalls. Das Deuteron ist eine schwerere Version des gewöhnlichen Wasserstoffkerns und ein Bestandteil des sogenannten schweren Wassers. Für unseren Zusammenhang ist besonders eine Eigenschaft des Deuteriums wichtig: es wurde nicht in Sternen aufgebaut, wenn es auch, sobald es erst einmal im Urknall erschaffen worden ist, in stellaren Nuklearschmelzöfen verbrannt werden kann.* Wenn wir also einen Deuteriumkern finden, können wir mit Sicherheit davon ausgehen, daß er direkt aus den frühen Stadien des Urknalls zu uns gelangte. Man braucht auch gar nicht mühsam zu versuchen, die Deuterium-Häufigkeit in Sternen herauszufinden – es gibt Deuterium in reichlicher Menge im irdischen Wasser. Diese Verfügbarkeit veranlaßte den Nobelpreisträger Arno Penzias, von einer «Astronomie mit der Schaufel» zu sprechen. Man untersucht irdisches Material, stellt fest, wieviel Deuterium es enthält, und extrapoliert diese Zahlen auf das Universum insgesamt.

Dabei stellen wir fest, daß auf zehntausend gewöhnliche Wasserstoffkerne im Universum ein Deuteriumkern kommt. Das heißt, nach Beendigung der an der Dreiminutenmarke plötzlich einsetzenden Kernsynthese konnten nicht weniger Deuteriumkerne vorhanden gewesen sein, als in diesem Verhältnis zum Ausdruck kommt. Dies wiederum begrenzt die Menge baryonischer Materie im Universum. Nach Abschluß der Berechnungen stellen wir fest: Die beobachtete Häufigkeit von Deuterium verlangt, daß die Gesamtmenge baryonischer Materie im Universum sich auf weniger als 20 bis 30 Prozent der im achten Kapitel definierten kritischen Massendichte beläuft. Ähnliche Beschränkungen sind aus der Untersuchung anderer Kerne ableitbar. Aus technischen Gründen scheint man die besten (das heißt niedrigsten) Grenzwerte für die Masse

---

* Genauer gesagt: Es wird zwar Deuterium in Sternen erzeugt, doch sobald sich ein Kern gebildet hat, stößt dieser unmittelbar danach mit einem anderen Teilchen zusammen und wird in einen schwereren Kern umgewandelt.

durch Untersuchung der Häufigkeit von ^{7}Li (Lithium) festlegen zu können, die aber leider am schwierigsten zu messen und deshalb auch die am wenigsten bekannte ist. Die uns heute vorliegenden Messungen von ^{7}Li legen nahe, daß der Grenzwert womöglich näher an 20 Prozent heranreicht als an die 30-Prozent-Marke.

Dieses Ergebnis ist außerordentlich wichtig. «Abgeklopft» ist es insofern, als wir den Deuteriumaufbau durch Kollisionen von Protonen und Neutronen in unseren Beschleunigungsanlagen verfolgen können, so daß wenig Ungewißheit über die Vorgänge herrscht, was die kernphysikalische Seite des Problems betrifft. Das einzig Ungewisse ist die Dichte der baryonischen Materie, und für die haben wir einen aus Experimenten gewonnenen Wert – die beobachtete Häufigkeit von Deuterium oder Lithium –, mit dem wir gut arbeiten können. Das Ergebnis ist so abgesichert wie selten in der Kosmologie.

So können wir mit einiger Sicherheit sagen, daß die Gesamtmenge baryonischer Materie im Universum nicht über etwa 30 Prozent der kritischen Masse hinausgehen kann. Vielleicht erinnern Sie sich an meine Ausführungen im achten Kapitel – dieser Wert entspricht annähernd der Menge der bislang nachgewiesenen Dunklen Materie. Somit wäre es gerade noch möglich, daß die gesamte Dunkle Materie aus Baryonen besteht. Ich halte es allerdings für sehr unwahrscheinlich, daß dies die endgültige Lösung sein wird.

Im Laufe der letzten zwanzig Jahre hat sich die Menge der nachweisbaren Dunklen Materie ständig erhöht. Gleichzeitig sind die aus der Untersuchung leichter Kerne hervorgehenden Grenzwerte für die baryonische Masse fortwährend gesunken. Im Augenblick sind beide Werte ungefähr gleich groß, doch wäre nur ein Anstoß von einer der beiden Seiten erforderlich, um sie aneinander vorbeiziehen zu lassen. Sobald die Menge Dunkler Materie den angegebenen Höchstwert für baryonische Materie überschreitet, sind wir gezwungen, über andere Formen nachzudenken, die Dunkle Materie annehmen könnte. Selbst wenn man behutsam vorgehen will, müßte einem der gesunde Menschenverstand eigentlich sagen, daß es an der Zeit ist, noch nach anderen «Verdächtigen» Ausschau zu halten.

Nichts hält uns davon ab, mutiger zu sein. Sie erinnern sich – aus dem Modell des inflationären Universums ergaben sich erstmals gewichtige Argumente zugunsten der Flachheit. Mittlerweile gibt es sowohl einen theoretischen als auch einen ästhetischen Grund für die Annahme, das Universum habe genau die kritische Masse. Wenn dies zutrifft, müssen mindestens 70 Prozent dieser Masse nichtbaryonisch sein. Ich selbst halte es für sehr wahrscheinlich, daß das Universum die kritische Masse tatsächlich besitzt und daß der größte Teil oder die gesamte dunkle Masse nichtbaryonisch ist. Doch das ist meine persönliche Auffassung. Vielleicht ziehen Sie eine andere Meinung vor, und da uns beiden sowieso bald die Argumente ausgingen, werde ich nicht widersprechen.

Ein zweiter Grund für die Annahme, Dunkle Materie sei nicht baryonisch, ergibt sich aus den Überlegungen, die ich im vierten Kapitel dargestellt habe. Wie Sie sich vielleicht erinnern, hätte ein komplett aus dieser Art von Materie aufgebautes Universum mit großräumigen Strukturen eine wesentlich ungleichförmigere Hintergrundstrahlung. Da aber die Hintergrundstrahlung in unserem Universum äußerst gleichmäßig ist, muß folglich ein Teil der Dunklen Materie nichtbaryonisch sein.

Schließlich kann man gegen baryonische Dunkle Materie argumentieren, indem man eine «Abhakliste» macht. Welche Formen kann die Materie annehmen, wenn die galaktischen Halos baryonisch sind? Es könnte sich um ein Gas handeln oder um etwas, das chemisch gebunden ist, wie «Schneebälle» aus gefrorenem Wasserstoff oder Staubkörner von mikroskopischer bis planetarischer Größe. Schließlich könnte die Materie auch irgendeine Art von Körper sein, der von der Schwerkraft zusammengehalten wird, wie etwa Objekte von der Größe des Jupiter («Planeten», die hauptsächlich aus Wasserstoff und Helium bestehen) oder tote Sterne («Schlacke», die längst ausgebrannt ist und kein Licht mehr abstrahlt). Ein weiterer hartnäckiger Kandidat für Dunkle Materie,

Argumente gegen die baryonische Materie als Kandidaten 153

das schwarze Loch, das sich am Ende der Lebenszeit eines Sterns bildet, gehört ebenfalls zu dieser Kategorie.

Wäre der galaktische Halo aus Dunkler Materie ein Gas, müßten dessen Temperatur und damit der innere Gasdruck sehr hoch sein; sonst würde es unter der Wirkung der eigenen Schwerkraft in sich zusammenfallen. Bei solchen Temperaturen aber würde das Gas Röntgenstrahlen aussenden, die leicht mit modernen Satellitensystemen zu entdecken wären. Da aber keine Röntgenstrahlen registriert werden, kann das Halo kein Gas sein.

Gefrorene Schneebälle hätten im Weltraum keinen Bestand; sie würden einen Prozeß durchlaufen, der Sublimation genannt wird. Das ist der direkte Übergang vom festen zum gasförmigen Zustand. Die Sublimation findet beispielsweise ständig bei Trockeneis statt. Die Wolkenschwaden, die Rockbands und Theaterregisseure so sehr schätzen, kommen gewöhnlich dadurch zustande, daß man einen Haufen Trockeneis zu Kohlendioxid verdampfen läßt. Wäsche, die bei Temperaturen unter Null an der Leine hängt, trocknet aufgrund der Sublimation des zu Eis gefrorenen Wassers. Und wegen dieser Sublimation können im Halo keine Schneebälle sein. Ebensowenig kann er aus festen Körpern wie Staubkörnern oder Felsbrocken bestehen. Wenn nämlich genügend schweres Material existiert hätte, um solche Körper während der Galaxienbildung hervorzubringen, hätte genau dieses Material in sehr alten Sternen enthalten sein müssen. Diese vierzehn bis achtzehn Milliarden Jahre alten Sterne (die von Astronomen «Population II» genannt werden) sind aber sehr arm an schweren Elementen. Wie also sollte man erklären, daß schwere Elemente zwar für Staubkörner und Felsbrocken vorhanden waren, nicht aber für Sterne?

Etwas schwieriger ist es, die hypothetischen Objekte von der Größe des Jupiter zu eliminieren. Der Jupiter nahm durch einen Prozeß Gestalt an, der dem der Sonnenentstehung ähnelt – eine Gaswolke verdichtete sich unter dem Einfluß der Schwerkraft. Wer solche Objekte im Halo ansiedeln will, steht vor einem heiklen Problem: Er muß erklären, wie Milliarden Objekte von der

Größe des Jupiter entstehen konnten, aber keine kleinen Sterne. Bei diesem Problem geht es um folgendes: Der Planet Jupiter ist fast ein Stern. Hätte er nur ein wenig mehr Masse aufgenommen, wäre es in seinem Zentrum heiß genug, um die thermonukleare Energieerzeugung anlaufen zu lassen, und er wäre zu einem – wenn auch nur kleinen – Stern geworden. Warum sehen wir im Halo keine Spur blasser Sterne, die nur ein wenig massiver sind als ein großer Planet? Was könnte die Ursache einer solch scharfen Grenzlinie für die Größe der Objekte im Halo sein? Die Tatsache, daß ein solcher Mechanismus nicht entdeckt wurde, ist ein starkes Argument gegen diese Art Dunkler Materie. Sie dient außerdem als Argument gegen die «Braune-Zwerge-Hypothese», da braune Zwerge, dem Jupiter gegenüber, auf der anderen Seite der Grenzlinie zwischen Stern und Planet stehen.

Und schließlich kann man auch die Möglichkeit stellarer Schlacke verwerfen. Beim Kollaps eines Sterns werden fast immer riesige Materiemengen in den interstellaren Raum hinausgeschleudert. Nichts weist im Halo auf die Existenz solcher herausgeschleuderter Materie hin. Dies kann als Beweis dafür gelten, daß der Halo nicht aus den Leichnamen alter Sterne besteht, seien es ausgebrannte Schlacken oder stellare schwarze Löcher.

All diese Argumente – die Kernsynthese, die großräumige Struktur und die Eliminierung verschiedener Formen baryonischer Materie – haben einen Haken: Keines schließt die Möglichkeit völlig aus, daß die gesamte Dunkle Materie im Universum baryonisch ist. Andererseits erschweren sie es aber den Forschern, aus den Fallen zu entwischen, die ihnen das baryonische Universum stellt. Raffinierte Theoretiker (es gibt ganz schön viele davon) haben komplexe Pläne konstruiert, wie man die geschilderten Fallen vermeiden kann – Pläne, die eine Vielzahl von Epizyklen beschreiben, ähnlich jenen, die die Astronomen des Mittelalters ersannen, um das Universum des Ptolemäus an die beobachteten Tatsachen anzupassen. Vielleicht schieben sie das Desaster noch für eine Weile hinaus, aber sie führen zu keiner neuen Wissenschaft. Wenn eine Idee stimmt, findet gewöhnlich alles wie von selbst seinen richtigen Platz – es ist nicht nötig, Pläne zur Beseitigung blamabler Daten zu konstruieren.

So könnte man sich zum Beispiel einen Plan zurechtbasteln, worin all die oben aufgelisteten Formen baryonischer Dunkler Materie miteinander vermischt wären, um sie doch noch im galaktischen Halo unterzubringen. Und wahrscheinlich könnte man sogar die Proportionen unter den verschiedenen Typen zurechtrücken, um einen Konflikt mit den Beobachtungsdaten zu vermeiden. Doch was wäre damit erreicht? Jedenfalls nichts, was irgend jemanden interessieren könnte.

Das liegt ganz einfach daran, daß eine erfolgreiche wissenschaftliche Theorie nicht nur funktionieren, sondern auch schön sein muß. Die Art von Theorie, wie ich sie gerade beschworen habe, besteht diesen Doppeltest nicht. Sie mag vielleicht funktionieren, doch ist sie zutiefst abstoßend und künstlich. Ich zitiere den Physiker Enrico Fermi: «Sie ist noch nicht mal falsch.» Darauf würden sich Wissenschaftler erst zuallerletzt beziehen, nachdem alle anderen Stricke gerissen sind. Es wird Sie nicht überraschen, daß die meisten zeitgenössischen Theoretiker die Vorstellung, baryonische Materie sei ein Hauptbestandteil des Universums, aufgegeben und sich anderen Bereichen zugewendet haben.

Und wie steht's mit Neutrinos?

Der nächste Kandidat für Dunkle Materie ist das Neutrino. Es ist uns nicht, wie die Baryonen, vertraut in dem Sinne, daß wir es von unserer alltäglichen Erfahrung her kennen; aber die Physiker beschäftigen sich seit Jahrzehnten mit ihm. Das Neutrino wird bei Kernreaktionen erzeugt – etwa bei der Verschmelzung von Wasserstoff im Zentrum der Sonne oder bei jenen Reaktionen, die in der Ära der Kernsynthese stattfanden.

Um eine ungefähre Vorstellung von der gigantischen Anzahl der Neutrinos im Universum zu bekommen, gibt es eine Faustregel: Auf jede Kernreaktion, die jemals stattgefunden hat (und gerade jetzt stattfindet), kommt ein Neutrino. Berechnungen deuten darauf hin, daß während des Urknalls annähernd eine Milliarde Neutrinos auf jedes Proton, Neutron und Elektron kam. Jedes Volumen von der Größe Ihres Körpers enthält in jedem Moment etwa zehn Millionen dieser «Ur-Neutrinos», und in dieser Zahl sind die später in Sternen produzierten Neutrinos noch nicht enthalten. Ein derart häufig vorkommendes Teilchen wie dieses könnte eine enorme Bedeutung für die Struktur des Kosmos haben – vorausgesetzt, es ist mit einer Masse behaftet.

Die Existenz des Neutrinos wurde Anfang der dreißiger Jahre postuliert. In den herkömmlichen Theorien ist es ein Teilchen, das nur sehr schwach mit anderer Materie wechselwirkt. Es hat keine Masse und bewegt sich deshalb mit Lichtgeschwindigkeit fort. Für unseren Zusammenhang bedeutete dies: Wenn das Neutrino masselos ist, übt es keine Schwerkraft aus. Stimmt die herkömmliche Theorie, wäre es also ziemlich egal, wie viele Neutrinos im Universum umherfliegen – Prozesse wie den Gravitationskollaps, der zu Galaxien oder anderen Strukturen führt, könnten sie dann nicht beeinflussen.

In den frühen achtziger Jahren jedoch wurden einige experimentelle Ergebnisse veröffentlicht, aus denen hervorgeht, das Neutrino könnte, entgegen den Beschränkungen der traditionellen Theorie, doch eine winzige Masse haben. Träfe dies zu, würde selbst diese geringe Masse, multipliziert mit der großen Zahl von Neutrinos im Universum, ohne weiteres eine so große Neutrinogesamtmasse ergeben, daß die Massendichte ihren kritischen Wert erreichte.

Lassen Sie mich an dieser Stelle ein paar Sätze aus dem siebten Kapitel zur Verdeutlichung wiederholen. Das Szenario für ein von Neutrinos dominiertes Universum sah etwa so aus: Das Neutrino ist eines der Teilchen, deren Wechselwirkungen mit dem Absinken der Temperatur schwächer werden. Das heißt: Viel früher als die gewöhnliche Strahlung entkoppeln sich die Neutrinos von der Materie und hören damit auf, Kraft auf sie auszuüben. Unseren heutigen Modellen zufolge geschieht dies etwa eine Sekunde nach dem Urknall. Danach dehnten sich die Neutrinos im Raum aus und kühlten ab, wobei sie eine Art Spiegelbild der kosmischen Mikrowellenstrahlung schufen.

Man kann sagen – das ist *eine* Art der Interpretation –, die Neutrino-Entkopplung setze ein, wenn die Wahrscheinlichkeit gering wird, daß ein durch Materie dringendes Neutrino mit dieser in Wechselwirkung tritt. Zwei Faktoren beeinflussen diese Wahrscheinlichkeit: die Dichte der Materie (von der es abhängt, wie häufig sich ein Neutrino anderen Teilchen nähert) sowie die Wahrscheinlichkeit, mit der ein Neutrino, das sich einem anderen Teilchen nähert, tatsächlich mit diesem in Wechselwirkung tritt. Als das Universum eine Sekunde alt war, war die Temperatur so niedrig, daß die zweite Wahrscheinlichkeit sehr gering wurde und die Neutrinos eine sich ausdehnende und abkühlende Wolke bildeten, die nicht mehr mit gewöhnlicher Materie wechselwirkte. Wenn die Neutrinos eine kleine Masse besäßen, könnten sie sich nach dieser Phase unter dem Einfluß der Schwerkraft gut zu Konzentrationen zusammenballen, um die sich später Galaxien bilden konnten. Somit wäre das massive Neutrino, falls es existiert, *der* Kandidat für Dunkle Materie.

Wenn Neutrinos eine kleine Masse haben, bewegen sie sich beim Entkoppeln mit annähernder Lichtgeschwindigkeit. Das heißt, sie gehörten zu dem Typ Dunkler Materie, die wir als «heiß» bezeichnet haben. Das würde uns zu einer «Top-down-Theorie» des Universums führen, und all die im siebten Kapitel vorgebrachten Argumente gegen heiße Dunkle Materie könnten gegen sie ins Feld geführt werden.

Darüber hinaus gibt es weitere detailreiche Argumente, die gegen Neutrinos als Kandidaten für Dunkle Materie sprechen, so daß sich die meisten Kosmologen von dieser Möglichkeit abgewandt haben. Sie klingen alle recht überzeugend, doch verblassen sie im Vergleich zu dem wichtigsten Grund für die Ablehnung dieser Hypothese. Um es so knapp wie möglich auszudrücken: Es gibt keinen eindeutigen Beweis mehr dafür, daß das Neutrino eine andere Masse als Null hat.

Es mag Ihnen seltsam erscheinen, daß so viel Mühe auf eine Idee verwendet worden ist, die nicht zunächst einmal experimentell verifiziert wurde, doch die Geschichte des massiven Neutrinos ist wesentlich komplexer. Sie veranschaulicht nämlich sehr plastisch, wie die Mechanismen der wissenschaftlichen Methode funktionieren, falsche Ergebnisse auszusondern. Bevor ich in unserem Kontext fortfahre, werde ich deshalb ein wenig abschweifen und Ihnen von den – wie ich es nennen möchte – «Kapriolen um das massive Neutrino» erzählen.

Zehn

Die Kapriolen um das massive Neutrino

> Ein Penny bleibt ein Penny –
> und wenn du ihn vergoldest.
>
> GILBERT AND SULLIVAN
> «H. M. S. Pinafore»

Nach alter Tradition findet der Frühjahrskongreß der American Physical Society in Washington statt, aufgrund irgendeiner seltsamen Laune des Wetters stets eine Woche nach der Kirschblüte. Die Versammlung von 1980 war für mich von besonderer Bedeutung, weil ich meinen ältesten Sohn mitbrachte. Er war damals in der Abschlußklasse der High School und sollte sich in der Welt der Wissenschaftler umschauen. Er wollte aufs College und dachte ernsthaft daran, Physiker zu werden. Heute frage ich mich, ob das, was er dort sah, ihn vielleicht in seiner Entscheidung beeinflußt hat, statt dessen lieber Wirtschaftswissenschaften zu studieren.

Amerikanische Physiker sprechen vom «*Massive Neutrino Meeting*», wenn sie an diesen Kongreß denken. Mit großer Spannung wurde der Vortrag eines Teams experimenteller Physiker von der University of California in Irvine erwartet. Sie hatten angekündigt, aus ihren Meßergebnissen gehe hervor, daß das von den meisten Physikern als masselos betrachtete Neutrino in Wirklichkeit ein geringes Gewicht habe.* Diese Neuigkeit war aus zwei

---

* Eine ausführliche Darstellung der Neutrino-Forschung finden Sie in meinem Buch «From Atoms to Quarks», Scribner's, 1980.

160 Die Kapriolen um das massive Neutrino

Gründen aufregend: Erstens war es Frederick Reines, der sie bekanntgab – er hatte 1956 das Neutrino mit entdeckt –, und zweitens konnte ja das Neutrino, wenn es tatsächlich so massiv war, wie das Team behauptete, das Teilchen sein, das das Universum schließt – die langgesuchte fehlende Masse also.

Als der Zeitpunkt des Vortrags näherrückte, zeigten sich die Wirkungen der Gerüchteküche. Der für Reines' Vortrag vorgesehene Raum war viel zu klein für die Masse der herbeiströmenden Zuhörer. Die Sitzung wurde unter großen Verzögerungen in einen großen Tanzsaal verlegt. Da die Zeit fehlte, um einen Diaprojektor zu beschaffen, war Reines gezwungen, den anwesenden Reportern die Namen seiner Mitarbeiter zu buchstabieren, und er mußte seine Formeln in Worte kleiden, wobei er sie mit dem Finger in die Luft schrieb.

Das Experiment, das er schilderte, war recht kompliziert und entsprechend anfällig für Fehler, aber wenn die Ergebnisse stimmten, war eine der allgemein akzeptierten «Wahrheiten» der modernen Physik schlichtweg falsch.

Um zu verstehen, warum sich an einem herrlichen Frühlingstag so viele Wissenschaftler in diesen Tanzsaal zwängten, muß man ein wenig mehr über das Neutrino wissen. Seine Existenz wurde bereits zu Beginn der dreißiger Jahre postuliert, als Physiker bestimmte Wechselwirkungen untersuchten, bei denen etwas nicht zu stimmen schien – beispielsweise war manchmal vor der Wechselwirkung mehr Energie vorhanden als danach. Man schlug vor, die Existenz eines Neutrinos (eines «kleinen neutralen» Teilchens) als Möglichkeit anzunehmen, die Dinge wieder ins Lot zu bringen.* Dieses hypothetische Teilchen ließ sich damals nicht direkt nachweisen, doch seine Wirkung war klar: Es trug bei seiner Emission jene überschüssige Energie mit sich fort, die in der Bilanz der Wechselwirkung fehlten. Die Situation ähnelt der eines Hausbesitzers, der fest-

---

* Um «den Energiesatz zu retten», wie der Physiker Wolfgang Pauli, der die Existenz dieser Teilchen postulierte, 1930 schrieb. *Anm. d. Red.*

Neutrinos: Vorhersage und Nachweis 161

stellt, daß in seiner Abwesenheit etwas aus seinem Haus gestohlen wurde – er weiß, daß jemand dagewesen ist, weil etwas fehlt, aber den Dieb selbst hat niemand gesehen.

Erst mehr als zwanzig Jahre später wurden Instrumente entwickkelt, die empfindlich genug waren, um den direkten Nachweis für die Existenz des Neutrinos zu erbringen (es handelt sich um das oben erwähnte Experiment von 1956). Das Neutrino ist in der Tat schwer dingfest zu machen. Ein Neutrino, das in einer Bleistange von der Erde zum Alpha Centauri reiste, könnte dort ohne weiteres vier Jahre später auftauchen, ohne auch nur ein einziges angeregtes Atom zurückgelassen zu haben, das seine Route markieren könnte. Trotz dieser Abneigung, mit Materie in Wechselwirkung zu treten, können Neutrinos heute routinemäßig in Teilchenbeschleunigern erzeugt und gemessen werden. Mit Hilfe moderner Elektronik ist das Aufspüren von Neutrinos nicht annähernd so schwierig, wie man sich das einmal vorgestellt hatte. Trotzdem bleibt es eine wichtige Tatsache, daß die Existenz des Neutrinos postuliert wurde, bevor man es direkt nachweisen konnte.

Das Neutrino hat keine elektrische Ladung – wenn es sie hätte, wäre es schon in den dreißiger Jahren entdeckt worden. Es muß sehr leicht sein, denn sonst würde sich seine Masse auf das Verhalten der Teilchen auswirken, denen das Neutrino begegnet. Allerdings ist ein leichtes Teilchen – ein Teilchen mit geringer Masse – nicht das gleiche wie ein Teilchen mit der Masse Null. Noch vor kurzem hätte ein Physiker auf die Frage, warum man glaube, das Neutrino habe die Masse Null, wahrscheinlich geantwortet: «Warum nicht?» Es gab keinen Hinweis darauf, daß die Masse etwas anderes als Null sei, und das ist eine hübsche runde Zahl, die man sich leicht merken und mit der man Wunder wirken kann. Warum also soll man für Unruhe sorgen, wenn mit dem masselosen Neutrino alles so prima zu funktionieren scheint?

Doch Physiker sind geistig aufgeschlossene Menschen. Wenn jemand mit einem Ergebnis auftaucht, das etwas allgemein Anerkanntes in Frage stellt, müssen es alle anderen sorgfältig prüfen.

Dies gilt vor allem für Fälle, in denen es keinen triftigen Grund gibt, an der herkömmlichen Überzeugung festzuhalten, also auch für die Annahme, das Neutrino hätte die Masse Null.

Es gibt verschiedene Möglichkeiten, experimentell herauszufinden, ob das Neutrino Masse hat oder nicht. Eine davon ist in der Einbrecheranalogie angedeutet. Die Polizei kann durch sorgfältige Spurensicherung am Tatort eine Menge über den Dieb in Erfahrung bringen. Ebenso könnte sich aus der sorgfältigen Untersuchung der Teilchen, die an Reaktionen teilnehmen, in die auch Neutrinos einbezogen sind, der Nachweis für eine Masse des Neutrinos größer als Null ergeben. Später werden wir noch einige dieser Reaktionen betrachten. Eine zweite Methode zur Bestimmung der Neutrinomasse ist das sogenannte «Vermischen». Um diesen Vorgang verstehen zu können, müssen Sie eine weitere Tatsache über das Neutrino erfahren und ein Charakteristikum der Quantenmechanik kennenlernen.

Die Tatsache ist folgende: Es gibt nicht nur *einen* Typ von Neutrinos. Mit Hilfe der großen Beschleuniger sind drei Arten entdeckt worden. Sie unterscheiden sich durch die Reaktionen, in denen sie entstehen, und durch die Reaktionen, die sie auslösen, wenn sie tatsächlich (was selten geschieht) mit Materie in Wechselwirkung treten. Abbildung 27 zeigt beispielsweise den Beta-Zerfall eines Neutrons. Das sich selbst überlassene Neutron zerfällt spontan in ein Proton, ein Elektron und ein Neutrino. Da es in Verbindung mit einem Elektron erzeugt wird, nennt man es Elektron-Neutrino.* Wenn ein Elektron-Neutrino auf ein Proton trifft, kann es eine Reaktion auslösen, bei der – wie in der Abbildung dargestellt – ein Neutron und ein Antielektron (Positron) erzeugt werden. Mit anderen Worten: Dieses Neutrino ist sowohl bei seiner Erzeugung als auch bei seiner Zerstörung stets mit einem Elektron assoziiert.

---

* Ein Kenner wird natürlich wissen, daß es sich in Wirklichkeit um ein Antineutrino handelt. Diese Unterscheidung ist aber für unsere Zwecke nicht wichtig.

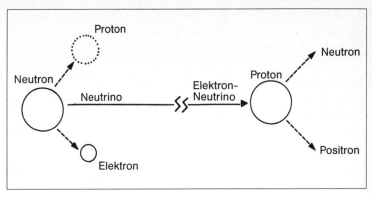

Abb. 27

Die beiden anderen Neutrinoarten sind mit zwei weiteren Leptonen assoziiert (siehe Seite 57 f). Außer dem Elektron kennen wir noch zwei andere Leptonen, die man Myonen und Tau-Leptonen nennt. Wir gehen davon aus, daß es drei Neutrinotypen im Universum gibt, die mit jeweils einem dieser Leptonen assoziiert sind: die Elektron-, Myon- und Tau-Neutrinos.

In einer solchen Situation legen die Gesetze der Quantenmechanik eine interessante Möglichkeit nahe. Betrachten Sie jedoch zuerst folgende Analogie:

Stellen Sie sich einen Autobahnabschnitt mit drei Spuren vor. Die Autos können nur auf einer dieser Spuren auf die Autobahn gelangen. Stünden Sie am Anfang der Autobahn, würden Sie denken, daß alle Autos die Eigenschaft gemeinsam hätten, auf der Einfahrtsspur zu fahren, daß also nur diese eine Art von Autos existierte. Im Laufe der Zeit jedoch drängt das normale Verkehrsgeschehen die Autos auch in die beiden leeren Spuren. Ein Auto schert beispielsweise aus, um zu überholen, ein anderes beschleunigt und wechselt auf die dritte Spur über und so weiter. Schließlich sind die Autos gleichmäßig auf alle drei Spuren verteilt. Ein wenige Kilometer von der Auffahrt entfernt stehender Beobachter würde sagen, es gäbe drei Arten von Autos – für jede Fahrspur eine.

Unter gewissen Bedingungen könnte sich ein Neutrinostrahl genauso verhalten wie die Autokolonne auf der Einfahrt. Eine Ansammlung zerfallender Neutronen könnte einen Strahl reiner Elektron-Neutrinos erzeugen. Während dieser Strahl sich durch den Raum bewegt, könnten sich die Neutrinos allmählich in andere Typen verwandeln, genauso wie die Autos allmählich die Fahrbahnen wechseln. Schließlich hätten Sie einen Strahl, der aus der gleichen Anzahl der drei verschiedenen Typen zusammengesetzt wäre, so wie die Autos alle drei Fahrspuren ausfüllen.

Der Quantenmechanik zufolge kann diese Vermischung von Neutrinotypen *nur* dann geschehen, wenn sich die Massen der Neutrinos voneinander unterscheiden – das heißt, nur wenn das Elektron-Neutrino eine andere Masse als das Myon-Neutrino und dieses wiederum eine andere Masse als das Tau-Neutrino hat. Wenn jedoch die herkömmliche Auffassung stimmt und die Masse aller drei Neutrinos Null ist, kann keine Vermischung auftreten – wir hätten also eine dreispurige Autobahn, auf der die Autos die Fahrspuren nicht wechseln könnten. Deshalb ist ein Beweis für die Vermischung zwischen Neutrinotypen auch ein Beweis für eine Neutrinomasse, die größer als Null ist. Wenn eine Vermischung stattfindet, kann höchstens ein Neutrinotyp die Masse Null haben.

Dies erklärt den Leitgedanken des auf dem Kongreß in Washington bekanntgegebenen Experiments. Die Anordnung ist in Abbildung 28 skizziert. Neutrinos, von Kernreaktionen in einem Forschungsreaktor erzeugt, strömen in alle Richtungen aus – nichts kann sie aufhalten, denn was ist schon eine Betonwand von einem Meter Dicke im Vergleich zu einer Bleistange, die sich über ein Lichtjahr erstreckt? Manchmal löst eines der Neutrinos eine Reaktion in einem Detektor aus, der (in diesem Fall) elf Meter vom Reaktorkern entfernt steht. Die bei dieser Reaktion erzeugten Partikel werden registriert. Daraus schließt man auf das Vorhandensein des Neutrinos.

Alle im Kernreaktor stattfindenden Reaktionen ähneln dem in Abbildung 27 demonstrierten Neutronenzerfall. Sie erzeugen ledig-

Vermischung der Neutrinotypen – Das Irvine-Experiment

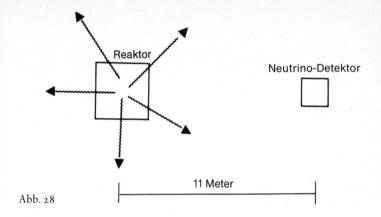

Abb. 28

lich Elektron-Neutrinos. In gleicher Weise ähneln all die im Detektor ablaufenden Prozesse dem in Abbildung 27 (rechts) skizzierten Vorgang – sie können nur von Elektron-Neutrinos ausgelöst werden. Also haben wir ein System, in dem ausschließlich Elektron-Neutrinos aus dem Reaktor herauskommen und man im Detektor nur Elektron-Neutrinos «sieht».

Wenn die herkömmliche Auffassung richtig ist und alle Neutrinos masselos sind, entstehen keine Schwierigkeiten. Jedes im Reaktor erzeugte Elektron-Neutrino wird noch immer ein Elektron-Neutrino sein, wenn es durch den Detektor hindurchgeht und dort möglicherweise eine Reaktion auslöst. Wenn jedoch einige Neutrinos eine Masse haben, wird auf der Strecke zwischen dem Reaktor und dem Detektor eine Vermischung stattfinden – ein paar der Neutrinos werden die Fahrspur wechseln. Dies hat wiederum einen Rückgang der registrierten Teilchen zur Folge, denn obwohl die Gesamtzahl der durch den Detektor strömenden Neutrinos unverändert bleibt, geht die Zahl der Neutrinos, die Reaktionen auslösen (das heißt, die Zahl von Elektron-Neutrinos), zurück. In unserer Autobahnanalogie entspricht dies der Feststellung, die Zahl der Autos auf der ersten Fahrspur sinke, während sich die beiden anderen Spuren füllen.

166 Die Kapriolen um das massive Neutrino

Das Team aus Irvine fand nun folgendes in seinem Experiment heraus: Die Anzahl der elf Meter vom Reaktorkern entfernt ankommenden *und registrierten* Neutrinos war geringer als die berechnete Anzahl der Neutrinos, die den Reaktor verlassen hatten. Diesen Befund interpretierten sie als Beweis für die Vermischung der Neutrinotypen, die im Physikerjargon «Neutrino-Oszillationen» genannt wird. Da Oszillationen nur auftreten könnten, wenn es einen Unterschied zwischen den Massen der verschiedenen Neutrinos gebe, sei – so Reines und seine Mitarbeiter – auch ein Nachweis dafür erbracht, daß Neutrinos nicht, wie man zuvor geglaubt hätte, masselos seien.

Das war ein Vorschlag von außerordentlicher Bedeutung. Wir wissen, daß es in den frühen Phasen des Urknalls viele Kernreaktionen gab und daß viele davon als Nebenprodukt Neutrinos erzeugten – so wie es beim Neutronenzerfall geschieht. Deshalb muß es im Weltall eine Menge Neutrinos geben – bis zu hundert Millionen auf jedes normale massive Teilchen. Wenn jedes Neutrino eine Masse hätte – und sei sie auch noch so winzig –, könnten sie zusammen ohne weiteres genug Materie liefern, um das Universum zu schließen. Und während noch konservative Physiker dazu aufriefen, das Ergebnis aus Irvine mit Skepsis zu behandeln, solange es nicht durch andere Versuche bestätigt sei, machten sich die Kosmologen eifrig ans Werk, die Galaxienfrage und die Existenz Dunkler Materie mit Hilfe der gerade «entdeckten» Neutrinomasse zu klären. Viele der Argumente gegen die Auffassung, das Neutrino sei einzige Komponente der Dunklen Materie (siehe Kapitel 9), wurden während dieses Begeisterungstaumels gefunden, der auf den Kongreß in Washington folgte.

Es ist wichtig, sich folgendes vor Augen zu halten: Auch wenn die Entdeckung von Oszillationen in einem Neutrinostrahl nahelegen könnte, das Neutrino habe eine Masse, sagt sie nichts darüber aus, welcher Art diese Masse ist. Die Geschwindigkeit, mit der die Neutrinos innerhalb des Strahls «die Fahrspur wechseln», steht in Beziehung zum *Unterschied* zwischen den Massen der verschiedenen

Neutrinos. Solange dieser Unterschied gleich bleibt, werden auch die Oszillationen gleich bleiben, ob die Neutrinos nun die Masse eines Millionstels eines Elektrons oder die Masse eines Elefanten haben.

Dies macht es uns verständlich, warum ein paar Monate nach dem Kongreß in Washington eine Veröffentlichung aus dem Institut für experimentelle und theoretische Physik in Moskau eine derart bedeutende Rolle in der Geschichte der Neutrinoforschung spielt. Dort hatte ein Team seit über einem Jahrzehnt daran gearbeitet, die Neutrinomasse zu bestimmen, indem es – wie die Polizei am Tatort – sorgfältig registrierte, was das Neutrino aus den Reaktionen mit sich forttrug, in denen es auftauchte.

Und das sieht folgendermaßen aus: Wenn ein Neutron zerfällt, wie in Abbildung 27 dargestellt, wird die Energie von den drei erzeugten Partikeln fortgetragen. Schauen wir uns das Elektron an: Es kann eine Energie im gesamten Spektrum haben – angefangen bei Null (wenn die ganze Energie vom Proton und vom Neutrino fortgetragen wird) bis hin zur maximal möglichen Energie (wenn das Elektron die Gesamtenergie fortträgt). Eine Kurve wie die in Abbildung 29 (links) dargestellte zeigt an, wie oft man ein Elektron mit einer bestimmten Energie «sehen» kann. In den meisten Fällen ist die Energie unter den drei Teilchen mehr oder weniger gleichmäßig aufgeteilt. Nur gelegentlich trägt das Elektron den größten Teil mit sich fort. Der Kurvenabschnitt, in dem dies passiert, ist in der Abbildung durch einen gestrichelten Kasten gekennzeichnet.

Wenn wir jetzt den umrahmten Ausschnitt näher betrachten, können wir etwas über die Masse des Neutrinos erfahren. Diese Masse gehört nämlich zu den Faktoren, die die maximale Energie, die ein Elektron haben kann, bestimmen. Die in der Reaktion verfügbare Gesamtenergie ist bestimmt durch den Unterschied zwischen der Masse des ursprünglichen Neutrons und den Massen der drei Teilchen, in die es zerfällt. Aus dieser Massendifferenz läßt sich nach der Gleichung $E = mc^2$ ableiten, wieviel Energie die Teilchen mit sich forttragen können. Falls das Neutrino eine Masse hat, würde die den anderen Partikeln zur Verfügung stehende Energiemenge um den

Betrag reduziert, der dieser Masse entspricht, und deshalb müßte sich im Falle eines massiven Neutrinos die Anzahl der Elektronen in dem umrahmten Abschnitt rascher verringern als im Falle eines masselosen Neutrinos. Diese Situation wird in Abbildung 29 (rechts) veranschaulicht. Wenn man mißt, in welchem Ausmaß die Anzahl der Elektronen abnimmt, während die Elektronenenergie zunimmt, kann man nicht nur erkennen, ob das Neutrino überhaupt eine Masse hat, die größer als Null ist, sondern sogar den Wert dieser Masse bestimmen.

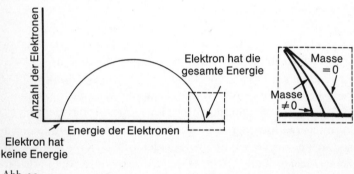

Abb. 29

Bevor ich Ihnen von den Ergebnissen des russischen Teams berichte, muß ich die Maßeinheit einführen, in der die Massen der Elementarteilchen gemessen werden. Das Elektronenvolt (eV) ist der Energiebetrag, den ein Elektron gewinnt, wenn es eine Spannungsdifferenz von einem Volt durchläuft. Um beispielsweise ein Elektron von einem Pol Ihrer Autobatterie zum anderen zu bewegen, sind 12 eV erforderlich. Da Masse und Energie äquivalent sind, kann man durch die einfache Anwendung von $E = mc^2$ die Teilchenmassen in eV messen. Die Masse eines Elektrons beträgt beispielsweise 511 000 eV, die des Protons 939 Millionen eV. Die zur Diskussion stehenden Neutrinomassen liegen zwischen 0 und 50 eV, sind also einhunderttausendmal geringer als die Masse des Elektrons.

Das Moskauer und das Irvine-Experiment   169

Und nun zu den Ergebnissen der Russen: Ihre Daten wiesen darauf
hin, daß die Neutrinomasse geringer sei als 46, aber größer als 14 eV.
Das Bedeutsame daran war, daß die Masse *nicht* Null sein konnte. In
Verbindung mit den Oszillationsversuchen des Teams aus Irvine
heizte die Meldung aus Moskau die Spekulationen darüber an, ob
Neutrinos der Hauptbestandteil Dunkler Materie sein könnten.

Die Physiker sind jedoch eine streitbare Clique. Ein neuer Befund
wird oftmals als Zielscheibe für Angriffe statt als wissenschaftlicher
Fortschritt betrachtet. Die erste Frage, die Experimentatoren stellen, lautet gewöhnlich: «Was könnte Sie dazu verleitet haben, an
ein Ergebnis zu glauben, das Sie gar nicht hatten?» Ich bin davon
überzeugt, daß keine Gruppe von Wissenschaftlern diese Frage ernster nimmt als experimentelle Physiker. Niemand arbeitet so hart
an der Widerlegung der eigenen Ergebnisse und niemand nimmt die
Resultate anderer mit einer solchen Ausdauer unter Beschuß wie
sie. Doch darf man dies nicht persönlich nehmen. Die meisten Physiker kommen genausogut miteinander aus wie jede andere Gruppe
von Fachleuten auch. Der Widerstreit der Meinungen gilt einfach
als die wirkungsvollste Art, die Wissenschaft weiterzuentwickeln.
Nichts kann akzeptiert werden, solange es nicht ausgiebiger kollek-
tiver Kritik unterworfen wurde. Gerade dieser Grundzug spielt eine
wichtige Rolle in der nächsten Episode der Geschichte vom massiven Neutrino. Behalten Sie ihn also im Auge.

Die beiden 1980 und 1981 bekanntgegebenen Experimente sahen vor allem deshalb eindrucksvoll aus, weil sie mit Hilfe zweier
verschiedener Methoden zur gleichen Schlußfolgerung kamen. In
jedem Experiment – das sei klargestellt – waren Unsicherheitsfak-
toren enthalten. Beim Irvine-Experiment beispielsweise beruhte die
Schlußfolgerung darauf, daß weniger Neutrinos registriert wurden,
als man erwarten müßte. Und wenn nun dem Team beim Zählen
der Neutrinos, die den Reaktor verlassen, ein Fehler unterlaufen
war? Außerdem sind Neutrinos nicht die einzigen Partikel, die aus
einem Reaktorkern entweichen – es könnten sich beispielsweise ein
paar Neutronen in den Strahl gemischt und ihn durch ihren Zerfall

170   Die Kapriolen um das massive Neutrino

unterwegs verunreinigt haben. Routinemäßig löst man diese Art von Problemen mit Hilfe elektronischer Systeme, die das gewünschte Teilchen herausfiltern. Wenn man sich jedoch mit etwas so Flüchtigem wie dem Neutrino befaßt, muß man sich über die Wahrscheinlichkeit Gedanken machen, daß man durch systematische Fehler zu verzerrten Ergebnissen kommt. Die einzige Möglichkeit, diese Zweifel zu beseitigen, liegt in der Wiederholung des Experiments – am besten an einem anderen Reaktor – mit einem beweglichen Detektor, so daß ein Strahl an Punkten mit unterschiedlichem Abstand vom Reaktor gemessen werden kann. Auf diese Weise heben sich Fehler der erwähnten Art tendenziell auf, und die Oszillationen zwischen den beiden Positionen könnten mit großer Genauigkeit gemessen werden.

Daß das Team um Reines sein Experiment nicht von vornherein auf diese Weise angeordnet hatte, wurde nicht kritisiert. Die Wissenschaftler hatten ihre Arbeit nach anerkannten Standardverfahren ausgeführt und selbst auf die Notwendigkeit hingewiesen, das Experiment mit zwei Detektorpositionen zu wiederholen. Doch ist es keine leichte Aufgabe, einen viele Tonnen schweren Neutrinodetektor in der überfüllten Forschungsabteilung einer Reaktoranlage umherzubewegen. Manche Teams, die sich zur Zeit dieser Aufgabe widmen, halten es für einfacher, zwei solcher riesigen Detektoren zu bauen als einen an zwei verschiedenen Standorten zu installieren. Auf jeden Fall kann das Ergebnis aus Irvine nicht als eindeutig nachgewiesen gelten, solange es nicht auf genau diese Weise bestätigt worden ist.

Auch in die von den Moskauer Physikern durchgeführten Messungen sind solche Tücken eingebaut. Ich habe den Zerfall eines Neutrons ziemlich ungenau dargestellt. Tatsache ist, daß es in der Natur keine großen Komplexe freier Neutronen gibt. So wurde aus praktischen Erwägungen bei dem russischen Experiment der Zerfall von Tritium gemessen, einem Atom, dessen Kern aus einem Proton und zwei Neutronen aufgebaut ist. Tritium ist ein Wasserstoffisotop und geht daher mit jeder Substanz, in der Wasserstoff vorkommt, eine chemische Verbindung ein. Das gemessene Tritium war an ein komplexes organisches Molekül namens Valin gebunden.

Doch diese Anordnung bringt ein neues Problem mit sich. Wenn ein Neutron in einem Tritiumkern innerhalb eines großen Moleküls zerfällt, kann die Energie sowohl auf das Molekül als auch auf die herausströmenden Teilchen übertragen werden. Nach dem Zerfall könnte das Molekül beispielsweise wie eine gezupfte Saite vibrieren. Dieser Energie-Transfer würde die maximale Energie, die das Elektron haben könnte, verringern, und dieses Defizit könnte fälschlicherweise als Neutrinomasse interpretiert werden. Die einzige praktisch durchführbare Methode, diese Verwechslung auszuschließen, wäre, anders als bei theoretischen Berechnungen, die Wiederholung des Tritium-Experiments unter veränderten Bedingungen – entweder mit einer anderen Substanz oder einer anderen Versuchsanordnung.

Anfang 1982 war also klar, daß trotz der positiven Ergebnisse dieser beiden Experimente noch eine Menge Arbeit zu tun war, bevor man das massive Neutrino als nachgewiesen betrachten konnte. Man fragt sich, warum die Theoretiker angesichts dieser Ungewißheiten nicht einfach abwarteten, statt bereits an Modellen vom Universum zu arbeiten, in denen massive Neutrinos mit Dunkler Materie identifiziert wurden. Die Antwort hat mit der unter theoretischen Physikern (und Astrophysikern) üblichen Form der Kommunikation zu tun.

Theorie ist Angelegenheit der jungen Generation. Natürlich gibt es bemerkenswerte Ausnahmen, doch im großen und ganzen wird die Karriere eines theoretischen Physikers davon bestimmt, was er im ersten Jahrzehnt nach Abschluß des Studiums leistet, also etwa zwischen dem fünfundzwanzigsten und fünfunddreißigsten Lebensjahr. In dieser kurzen Zeitspanne muß der aufstrebende Physiker mit einer spektakulären Arbeit die Aufmerksamkeit seiner Kollegen in der ganzen Welt erregen. Und eine der besten Methoden besteht darin, als erster einen neuen experimentellen Befund auszu-

172 Die Kapriolen um das massive Neutrino

werten. Falls Sie eine der ersten Untersuchungen veröffentlichen, die detailliert ausführen, wie das Galaxienproblem mittels massiver Neutrinos gelöst werden könne, erwerben Sie sofort Anspruch auf die Privilegien akademischen Erfolgs – Sie werden zu Kongressen eingeladen, um Ihre Arbeit zu erläutern, erhalten großzügige Forschungsstipendien, und wenn Sie ganz großes Glück haben, werden Sie aufgefordert, die Arbeit auf dem neuen Gebiet für ein großes Fachblatt zusammenzufassen. Doch um in den Genuß all dieser Vorzüge zu kommen, müssen Sie mit einer bedeutenden Forschungsarbeit schnell auf dem Markt sein. Am besten ist, Sie gelten als Pionier auf diesem Gebiet.

Dies ist der Grund für den enormen Druck, der auf theoretischen Physikern lastet, sich schnell auf ein neu erschlossenes Forschungsterrain zu stürzen. Dies gilt sowohl für die Jungen, die darauf lauern, sich einen Namen zu machen, als auch für die Älteren, die ihre Position halten wollen. Deshalb also die Kapriolen um das massive Neutrino – Theoretiker, die auf der Basis sehr vorläufiger experimenteller Ergebnisse ein neues Universum nach dem anderen ausspinnen. In einem System, wie ich es beschrieben habe, ist dieses Verhalten sehr vernünftig: Es ist eine sinnvolle Methode, sich eine Chance zu verschaffen. Wenn Sie die Implikationen eines Ergebnisses herausarbeiten, das sich später als falsch erweist, verlieren Sie nichts. Ihre Veröffentlichungen werden vorübergehendes Interesse erregen, und niemand wird es Ihnen ankreiden, daß sie auf einem falschen experimentellen Befund beruhten. Schließlich war das unkorrekte Experiment ja nicht *Ihr* Fehler. Wenn das Ergebnis jedoch stimmt, können Sie herrlich davon profitieren. Eines ist sicher: Wenn Sie so lange warten, bis das Ergebnis ausreichend etabliert ist, ist es für Sie zu spät. Andere sind das Risiko eingegangen und haben die wichtigen Entdeckungen gemacht. Ihnen bleibt dann nur noch übrig, dem Werk der anderen Fußnoten hinzuzufügen.

Dieser Mechanismus gewährleistet, daß schon das Gerücht von einem neuen experimentellen Befund leicht einen Massenansturm von Wissenschaftlern auf ein gerade erst abgestecktes Feld der For-

Theoretische Luftgebäude – experimentelle Kleinarbeit 173

schung auslöst. Das macht die Wissenschaft anfällig für Moden und erklärt, warum Ideen, die von den Medien als Fakten propagiert werden, schon ein Jahr später auf Nimmerwiedersehen verschwunden sind. Auch das massive Neutrino sollte dieses Schicksal ereilen.

Während die Kosmologen damit beschäftigt waren, über die Auswirkungen von Neutrinos mit einer Masse um 30 eV nachzudenken, überprüften Forschungsgruppen in Reaktoren überall auf der Welt genauso eifrig das Ergebnis aus Irvine. Übereilte Tests brachten die ersten Resultate – Experimentatoren brachen ihre gerade laufenden Projekte ab und veränderten flugs ihre Versuchsanordnungen, um auch noch einen Blick auf die Oszillationen zu erhaschen. Im Laufe dieser frühen Phase war die Lage ziemlich unklar. Einige sprachen sich für die Oszillationen aus, andere dagegen. Doch schon bald wurden speziell auf diese Aufgabe zugeschnittene Experimente durchgeführt, und die Vorzeichen kehrten sich allmählich um. Langsam wurden die Grenzwerte für Neutrino-Oszillationen in Reaktorstrahlen herabgesetzt. Es wurde deutlich, daß die ursprünglichen Ergebnisse schlicht falsch waren (mir hat allerdings nie jemand die Gründe dafür erklären können). Falls Neutrino-Oszillationen tatsächlich in der Natur vorkommen, wird man sie nur in äußerst vertrackten, schwer durchführbaren Experimenten entdecken können. 1984 hielt Felix Boehm vom California Institute of Technology in demselben Saal, in dem das erste positive Ergebnis bekanntgegeben worden war, einen rückblickenden Vortrag, in dem er die experimentelle Situation zusammenfaßte und sehr entschieden dazu aufrief, die Neutrino-Oszillation zu Grabe zu tragen.

Dies brachte die Kosmologen in eine peinliche Lage. Auch wenn sich aus den Oszillationsexperimenten kein Wert für die Neutrinomasse ergab, so verlieh es doch zumindest dem russischen Ergebnis Glaubwürdigkeit, das seinerseits einen solchen Wert lieferte. Spekulationen über die mögliche Rolle massiver Neutrinos im Universum mußten nunmehr auf das Ergebnis eines einzigen Experiments gestützt werden. Etwas anderes kommt hinzu, das öffentlich auszusprechen gewöhnlich als unhöflich gilt: Viele amerikanische Wissenschaftler haben kein allzu großes Vertrauen in sowjetische Experimentierarbeit, vor allem dann nicht, wenn diese Arbeit Präzisionsmessungen und anspruchsvolle elektronische Ausrüstung erfordert.

Mitte der achtziger Jahre ließ unter den Kosmologen das Interesse an massiven Neutrinos langsam nach. Die Theoretiker, die die große Entdeckung machen wollten, beschäftigten sich jetzt mit kalter Dunkler Materie (Kapitel 7) und danach mit kosmischen Strings (Kapitel 12). Hier und da geäußerte Lippenbekenntnisse zugunsten des sowjetischen Resultats änderten nichts daran, daß nur noch wenige Forscher die Vorstellung, Neutrinos hätten eine Masse, ernst nahmen. Gleichzeitig waren zahlreiche Labors in aller Welt damit beschäftigt, aufwendige Versuchsanordnungen aufzubauen, um Messungen an Elektronen zu wiederholen, die beim Zerfall der Neutronen im Tritium entstehen. In Zürich wurde das Tritium in ein spezielles Material auf Kohlenstoffgrundlage eingelassen und nicht – wie im russischen Experiment – an ein Molekül gebunden. In Los Alamos führten die Forscher Messungen an gasförmigem Tritium durch. Das Züricher Verfahren bot den Wissenschaftlern den Vorteil, eine größere Anzahl von Tritium-Zerfällen beobachten zu können, doch bereiteten ihnen die Wirkungen des Kohlenstoffmaterials Kopfzerbrechen. Die Gruppe in Los Alamos benutzte reines Tritium, doch ließen sich dabei viel weniger Zerfälle beobachten, weil sich das Tritium nicht in einem festen Stoff befand, sondern gasförmig war.

Im Sommer 1986 wurden die Ergebnisse dieser Experimente veröffentlicht. Während sich die Forscher aus Zürich und Los Alamos weiterhin darüber streiten, welches das bessere Verfahren ist, sind sie sich in zwei Punkten einig: Erstens stimmt die Möglichkeit, daß die Neutrinomasse Null beträgt (oder sehr klein ist), mit den vorliegenden Daten überein, und zweitens muß die Masse in jedem Fall kleiner als etwa 18 eV (28 eV im Experiment von Los Alamos) sein.

Die Kapriolen um das massive Neutrino   175

Mit anderen Worten, die zweite Welle von Experimenten hat zu einem Ergebnis geführt, das dem der russischen Physiker, die Neutrinomasse müsse *größer* als 14 eV sein, tendenziell widerspricht. Die meisten erwarten mit der Zunahme der Experimente eine weitere Senkung der Grenzwerte für die Neutrinomasse. Sollten sie unter ein paar Elektronenvolt absinken, sind die Neutrinos nicht mehr «von kosmologischem Interesse», das heißt, bei derart niedrigen Massewerten könnten die Neutrinos das Universum nicht mehr schließen. Ich vermute, bei einer Umfrage unter Physikern würde die Mehrheit heute diese Schlußfolgerung als das wahrscheinlichste Ergebnis der Kapriolen um das massive Neutrino betrachten.

Was können wir daraus schließen? Die Wogen des Interesses, die an jenem wunderschönen Frühlingsmorgen des Jahres 1980 erstmals hochschlugen, haben sich geglättet. In zehn Jahren werden sich nur noch Wissenschaftshistoriker daran erinnern, wie Kosmologen eine Zeitlang mit dem Gedanken liebäugelten, massive Neutrinos könnten der Hauptbestandteil Dunkler Materie sein. Diese kurzlebige Spekulation hat wenig zu unserem Verständnis des Universums beigetragen, uns aber hoffentlich verdeutlicht, wie der Wissenschaftsbetrieb funktioniert.

Es hängt von Ihnen ab, ob Sie dies beunruhigt oder zufriedenstellt. Im ersten Fall werden Sie an den ganzen vergeblichen Aufwand, an das Durcheinander während der Sichtung der experimentellen Befunde und an all die Zeit denken, die begabte Forscher verschwendet haben. Wenn Sie hingegen eine positive Einstellung dazu haben, werden Sie sich darüber freuen, daß innerhalb weniger Jahre eine sehr komplizierte Situation durch die vereinte Anstrengung von Physikern in aller Welt geklärt wurde. Es gilt heute als nachgewiesen, daß die Masse des Neutrinos sehr klein oder Null ist. Außerdem wurden dabei Verfahren entwickelt, die uns helfen werden, weiteres Wissen über diesen grundlegenden Wert zu erlangen. Der Standpunkt, die Irrungen und Wirrungen weniger Jahre seien ein kleiner Preis für dieses Resultat, ist also durchaus berechtigt.

Wie Sie auch darüber denken mögen, eines sollte deutlich geworden sein: Ganz gleich, wie die Lösung für das Problem der Dunklen Materie lautet, sie wird sich nicht allein auf massive Neutrinos stützen können. Vielleicht werden Neutrinos dabei überhaupt keine Rolle spielen. Wir müssen andere, noch exotischere Möglichkeiten in Betracht ziehen.

Elf

Wird das Universum von WIMPs beherrscht?
Exotische Kandidaten für Dunkle Materie

Das Einhorn ist ein mythisches Tier.

JAMES THURBER
«Das Einhorn im Garten»

Wir wissen, daß es sehr viel Dunkle Materie im Universum gibt. Aber wir konnten jedes uns bekannte und in unseren Labors erzeugbare gewöhnliche Teilchen als Kandidaten dafür ausschließen. So bleibt uns nur die Schlußfolgerung, daß Dunkle Materie in einer Form existieren muß, die wir noch nie gesehen haben und deren Eigenschaften uns völlig unbekannt sind. Sicher erwarten Sie, dieses Dilemma habe große Bestürzung unter den Gelehrten hervorgerufen und sie hätten auf Klausurtagungen mit ernster Miene den Kopf geschüttelt und unsere erfolglose Suche nach den grundlegenden Komponenten des Universums beklagt. Aber davon weiß ich nichts zu berichten, denn in Wirklichkeit haben sich die Kosmologen angesichts der Sackgasse, in der sie sich befanden, so verhalten wie ein Kind vor einem Berg neuen Spielzeugs unter dem Weihnachtsbaum. Theoretiker lieben es geradezu, ihrer Phantasie freien Lauf lassen zu können, ohne die Angst haben zu müssen, daß ihnen etwas so Banales wie ein Experiment oder eine Messung das Spiel verderben wird. Jedenfalls haben sie recht ungewöhnliche Vorschläge gemacht, wie die Dunkle Materie im Universum beschaffen sein könnte.

Dabei gehen sie folgendermaßen vor: Sie untersuchen eine gerade

178 Wird das Universum von WIMPs beherrscht?

populäre Theorie über die Wechselwirkungen der elementaren Bestandteile der Materie und stellen fest, daß die Theorie die Existenz irgendeiner Art neuer Teilchen entweder erfordert oder zumindest gestattet. Dann werden die Erfordernisse für die Beschaffenheit des noch gar nicht entdeckten Partikels untersucht, und wenn sich dabei herausstellt, daß kalte Dunkle Materie – wie in Kapitel 7 ausgeführt – aus diesen Teilchen bestehen könnte, wird es als Entdeckung *der* grundlegenden Konstituente des Universums in alle Welt hinausposaunt.

Diese Suchmethode veranschaulicht am besten das Ineinandergreifen von Teilchenphysik und Kosmologie. Die Existenz jedes der Partikel, die ich in diesem Kapitel erörtern will, wurde ursprünglich aus Gründen vorgeschlagen, die nichts mit der Struktur des Universums zu tun haben. Die Untersuchung ihrer Eigenschaften wurde allein von den Erfordernissen vorangetrieben, die sich aus den zur Erklärung der Wechselwirkungen zwischen den Elementarteilchen entwickelten Theorien ergeben. Erst später erkannte man, daß diese Partikel auch in der Kosmologie eine wichtige Rolle spielen könnten.

Ich stellen Ihnen nun also einige der hypothetischen Partikel vor, die als Bestandteil Dunkler Materie vorgeschlagen werden. Sie sind unter der Bezeichnung WIMPs zusammengefaßt – ein Akronym für *Weakly Interacting Massive Particles* (schwach wechselwirkende massive Teilchen). Da Sie sich ja die seriösen Kandidaten angesehen haben, die in den letzten paar Jahren vorgeschlagen wurden, überlasse ich es Ihnen, die unseriösen zu erraten. Doch bevor wir mit dieser Imaginationsübung beginnen, möchte ich noch einmal betonen: Nicht eine einzige dieser Materieformen ist je in einem Labor gesichtet worden. Vielleicht leuchtet Ihnen die Notwendigkeit ihrer Existenz ein und Sie sind der Meinung, wir würden sie nach ausgiebiger Suche auch finden, aber denken Sie daran, daß einige Gelehrte des Mittelalters über das Einhorn genauso dachten.

Da die Beschreibung weiterer exotischer Möglichkeiten uns zu ein paar ziemlich abstrakten Nebenzweigen der Elementarteilchenphysik führen wird, kann der Leser, der sich dieses Abenteuer ersparen möchte, die folgenden Seiten bis zur Zusammenfassung auf Seite 189 f überspringen, wo ich diese Kandidaten für Dunkle Materie mit ihren Eigenschaften noch einmal aufgelistet habe.

Supersymmetrie

Die bei weitem größte Zahl der exotischen Kandidaten für Dunkle Materie ergibt sich aus einem Prinzip, das unter dem Namen Supersymmetrie bekannt ist. Die Theorien, die Supersymmetrie voraussetzen, sind jene, die alle vier Grundkräfte zu vereinen suchen, also einen Zustand beschreiben, der im allerersten Moment nach dem Punkt Null geherrscht haben muß (vgl. S. 59 f).

Was ist Supersymmetrie? Wenn Materie in ihre grundlegenden Bestandteile zerlegt wird, erkennen wir zwei Arten von Elementarteilchen. Zum ersten Typ gehören die Quarks und Teilchen wie das Elektron (Leptonen), aus denen feste Materie besteht. Diese Partikel werden unter dem Begriff «Fermionen» zusammengefaßt. Er geht auf den italienischen Physiker Enrico Fermi zurück, der als erster ihre Eigenschaften erforschte. Die Fermionen sind dadurch charakterisiert, daß ihr Eigendrehimpuls oder Spin nur halbzahlige Werte der grundlegenden Spineinheit annehmen kann. Mit anderen Worten, sie haben Spins von $\frac{1}{2}$, $\frac{3}{2}$, $\frac{5}{2}$ und so weiter, aber niemals 1, 2, 3 ...

Die zweite Teilchenart wird nach dem indischen Physiker Satyendra Nath Bose «Bosonen» genannt. Diese Partikel haben den Spin 0, 1, 2 und so weiter. Im Gegensatz zu den Fermionen bilden sie nicht die «feste» Materie, sondern sie erzeugen die Kräfte, die zwischen den Fermionen herrschen. Sie tun dies, indem sie, bildlich gesprochen, zwischen den Fermionen hin und her flitzen. Das bekannteste Boson ist das Photon, das Teilchen, das mit gewöhnlichem Licht assoziiert ist. Werden zwischen zwei geladenen Partikeln ständig Photonen ausgetauscht (beispielsweise zwischen einem Elektron und dem Kern, den es umrundet), erzeugt der Austausch die bekannte elektromagnetische Kraft. Deshalb kann man sich das Atom als von den Photonen zusammengehalten vorstellen, die zwischen den Elektronen und dem Kern ausgetauscht werden.

Am deutlichsten erkennen wir die Rollen der beiden Teilchenarten im Atom. Der feste Stoff, aus dem es besteht, ist aus Elektronen, Protonen und Neutronen aufgebaut, die allesamt Fermionen sind. Auch die Quarks, aus denen die Protonen und Neutronen bestehen, sind Fermionen. Aber in ihrer Struktur werden diese Partikel durch den ständigen Austausch von Bosonen zusammengehalten. Genauso wie Photonen die Elektronen in ihrer Umlaufbahn halten, sorgen Partikel, die Gluonen genannt werden, für den Zusammenhalt der Teilchen im Kern.

Ein Charakteristikum von Bosonen und Fermionen ist hier für uns wichtig: Nie beobachten wir im Labor eine Wechselwirkung, bei der ein Teilchentyp sich in einen anderen verwandelt. Mit anderen Worten, zwischen diesen beiden Teilchenarten scheint eine undurchdringliche Mauer zu stehen. Sie sind ihren Funktionen zufolge für immer voneinander getrennt. Diese Unterscheidung muß seit der Trennung der Schwerkraft von den anderen Kräften gelten, seit jenem Zeitpunkt also, als das Universum 10^{-43} Sekunden alt war (Planck-Zeit).

Wenn wir nun die endgültige einheitliche Theorie formulieren wollen – eine Theorie also, in der die Schwerkraft auf gleiche Weise behandelt wird wie all die anderen Kräfte –, ergibt sich aus Verfahrensgründen, daß wir Reaktionen einführen müssen, in denen sich Fermionen in Bosonen und Bosonen in Fermionen verwandeln können. Das würde bedeuten, daß der Unterschied zwischen Struktur-Teilchen und Kraft-Teilchen bei der Entstehung des Universums nicht vorhanden gewesen sein kann, sondern nach dem ersten Ausfrieren aufgetaucht ist, als die Schwerkraft sich von allen anderen Kräften trennte. (Wir können uns also merken: Wenn Partikel während irgendeiner Art von Wechselwirkung ineinander umgewandelt werden können, betrachten Physiker sie als ein und dasselbe Teilchen, so wie Sie dieselbe Person bleiben, ob Sie nun einen Anzug oder eine Badehose tragen.)

Eine Welt, in der die Unterscheidung zwischen Bosonen und Fermionen nicht gilt, wird als supersymmetrisch bezeichnet. Es wäre eine Welt von äußerster Einfachheit, weil es in ihr nur eine einzige Art von Teilchen gäbe, und dieses wäre sowohl für die Struktur als auch für die Kraft verantwortlich. Aus dem vielversprechendsten Ansatz, den Ursprung des Universums zu verstehen, scheinen sich nur Theorien zu ergeben, die postulieren, alles habe einmal in einem supersymmetrischen Zustand angefangen.

Außerdem sagen solche Theorien voraus, daß es zu Beginn, als das Universum supersymmetrisch war, Partner – Spiegelbilder sozusagen – aller bekannten Partikel gab. Wir wissen, daß in unserer heutigen Welt ein Boson mit dem Namen Photon existiert, das die elektromagnetische Kraft erzeugt. Die Supersymmetrie-Theorien postulieren für die Zeit vor der Trennung der Schwerkraft von den anderen Kräften die Existenz eines weiteren Teilchens, das mit dem Photon in jeder Hinsicht identisch war, abgesehen davon, daß es statt des Spin 1 wie das Photon den Spin ½ hatte. Dieses andere Teilchen, Photino genannt, war dann ein Fermion. Im frühen Universum konnten diese Partikel und das Photon ineinander umgewandelt werden.

Als sich die Schwerkraft von den anderen Kräften trennte, verschwand die Symmetrie zwischen Bosonen und Fermionen, und die ursprüngliche Einfachheit des Universums ging verloren. Dieser Verlust an Symmetrie manifestierte sich, was die Partikel betrifft, in einem Prozeß, durch den das Photino erheblich an Masse gewann. Es wurde viel schwerer als das Proton. Die Theorien sagen voraus, daß es im heutigen Universum eine Art Spiegelwelt gibt, die aus den supersymmetrischen Partnern aller sichtbaren Teilchen besteht. Wir wissen beispielsweise, daß es ein Teilchen namens Elektron gibt; diesen Theorien zufolge müßte es aber außerdem möglich sein, ein supersymmetrisches Gegenstück zum Elektron zu erzeugen, das den Spin 1 statt ½ hat und sehr massiv ist. Diese Partikel nennt man Selektron. Darüber hinaus soll es Squarks (das Spiegel-teilchen zu Quarks) und Sneutrinos (das Spiegelteilchen zu Neutrinos) geben und so weiter. Vielleicht gibt es sogar Smänner und Sfrauen, obwohl die Theorien, soweit ich weiß, diese Frage noch nicht angeschnitten haben.

Die Theorien verlangen nun nicht, daß diese supersymmetrischen Teilchen an den gleichen Orten zusammenkommen wie gewöhnliche Materie. So liefern sie uns auch hinsichtlich der Frage, wieviel Masse ein Objekt wie das Photino haben soll, keine feste Vorstellung, sondern höchstens Schätzwerte – das Photino etwa soll mindestens vierzigmal so schwer sein wie das Proton. Eine weitere Implikation dieser Theorie ist, daß vom Moment des Symmetriebruchs an die Wechselwirkung zwischen der Supersymmetriewelt und unserer eigenen Welt sehr schwach sein muß. All die «Spartikel» sollen sehr viel flüchtiger als das Neutrino und mit unserer gegenwärtigen Technologie nicht aufspürbar sein.

Ausgestattet mit all diesen Eigenschaften sind die supersymmetrischen Teilchen perfekte Kandidaten für Dunkle Materie. Sie sind massiv, so daß sie Schwerkraft ausüben können. Sie wechselwirken nur äußerst schwach, so daß sie mit den normalen Prozessen etwa von Sternen oder Hochenergiebeschleunigern nicht in Berührung kommen. Was bliebe da noch zu wünschen übrig?

Superstrings

Die Idee der Supersymmetrie findet ihren derzeit aktuellsten Ausdruck in den sogenannten «Superstring»-Theorien. Winzige Fäden (Strings) aus äußerst dichter Materie sind darin die grundlegenden Konstituenten aller Partikel. Sie sind in einer weichen Stoffwolke verborgen, die die Außenschichten der bekannten Teilchen bildet. Die Superstrings sind winzig klein – nicht länger als 10^{-33} Zentimeter. Die Art von String, die das Innerste der Materie darstellen soll, ist also im Verhältnis zu einem Proton etwa so groß wie Sie

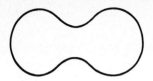 

Abb. 30

im Verhältnis zu einer kleinen Galaxie. In den ersten Superstring-Theorien entsprachen Fermionen Strings, die man sich als geschlossene Gummibänder vorstellen kann (Abbildung 30, links), während Bosonen offenen Strings entsprachen, wie auf der rechten Seite der Abbildung gezeigt.* Selbst Quarks sollen nach dieser Theorie aus Strings aufgebaut sein.

Wenn wir uns dieser Vorstellung, das Innerste der Materie habe eine fadenförmige Struktur, anschließen wollen, hilft uns vielleicht eine nützliche Analogie, dem Verhalten der Materie (insbesondere der supersymmetrischen Materie) auf die Spur zu kommen. Wenn Sie eine Gitarrensaite zupfen, bringen Sie sie zum Schwingen, so wie es in Abbildung 31 (rechts unten) gezeigt wird. Dies ist der sogenannte Grundton, der Ton mit der niedrigsten Frequenz, den die Saite erzeugen kann. Sie können die Saite natürlich auch zu anderen Schwingungsmustern anregen, wie in den anderen drei Zeichnungen von Abbildung 31 dargestellt wird. Diese Muster erzeugen Obertöne und Klangfarben, die das ganze reiche Ausdrucksspektrum eines Tons ausmachen.

Um eine Gitarrensaite in Schwingung zu versetzen, muß Energie aufgewendet werden, die sich dann in der Bewegungsenergie der schwingenden Saite manifestiert. Da Energie und Masse äquivalent sind ($E = mc^2$), bedeutet dies, daß zu jeder Schwingungsart der Gitarrensaite eine geringfügig andere Masse gehört.

---

* In moderneren Versionen sind alle Strings geschlossen, wobei die Fermionen und Bosonen Wellen entsprechen, die sich im beziehungsweise gegen den Uhrzeigersinn bewegen.

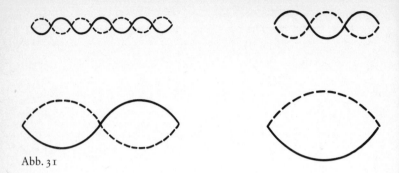

Abb. 31

Wird ein Superstring «gezupft», kann auch er auf vielerlei Weise schwingen. Wie bei der Gitarrensaite hat jede dieser Schwingungsarten eine sich von den anderen unterscheidende Energie und Masse. Wenn wir also einen schwingenden Superstring betrachten, sehen wir ein massetragendes Objekt, wobei diese Masse sich von einem schwingenden Superstring zum anderen unterscheidet. Und genau das sehen wir auch, wenn wir verschiedene Teilchen betrachten – auch sie haben verschiedene Massen. Das erklärt einen der zentralen Aussagen der Superstring-Theorie. Jede einzelne der unendlich vielen potentiellen Schwingungsarten des Superstring entspricht einem anderen Teilchen. Wir müßten daher mit der Existenz unendlich vieler Teilchen auf der Welt rechnen.

Außerdem führt uns diese Aussage zu folgender Annahme: Wird ein Superstring «gezupft» (indem man beispielsweise bei einer Hochenergiekollision Energie hinzufügt), werden die Obertöne letztendlich schwinden, und nur die Grundschwingung wird übrigbleiben. Dies ist ein wichtiger Punkt, denn er bedeutet, daß wir bei der Suche nach supersymmetrischen Teilchen wahrscheinlich nur auf jene stoßen würden, die der Grundschwingungsform entsprechen, die als das supersymmetrische Teilchen mit der geringsten Masse interpretiert wird.

Das mag Ihnen alles verdächtig abstrus vorkommen, aber im

Grunde ist daran nichts seltsam – und vor allem: Jetzt kommt's noch viel schlimmer. In allen heute vorgeschlagenen Superstring-Theorien schwingen die Superstrings nämlich nicht in den gewohnten drei Dimensionen, ja nicht einmal in der vierdimensionalen Welt der Physiker. Aus den Theorien scheint vielmehr hervorzugehen, daß die Superstrings entweder in zehn oder in sechsundzwanzig Dimensionen schwingen müssen. (Wollen Sie nicht doch lieber gleich die Zusammenfassung lesen?)

Sie brauchen es gar nicht erst zu versuchen, sich mehr als drei Dimensionen vorzustellen – es ist unmöglich. Die Theoretiker sind dazu gezwungen, sich mit diesen Dingen abzuplagen, da ihre Theorien nur dann sogenannte Anomalien vermeiden können, wenn sie von einer höheren Zahl von Dimensionen ausgehen. Kümmern Sie sich nicht um die Definition dieses Begriffs – ein Mathematiker reagiert auf eine Anomalie in seinen Gleichungen wie Sie auf die Mitteilung, Ihr Bankkonto sei überzogen. Anomalien sind schlimm und müssen um jeden Preis vermieden werden, selbst wenn damit das Anhäufen von Dimensionen verbunden ist.

Ich will hier nicht viel Aufhebens um die Multidimensionalität machen. Nur ein Hinweis: Es gibt keinen Grund zu der Annahme, daß wir Anomalien in den Griff bekommen, in welcher Dimension auch immer. Der Befund der Theoretiker ist vergleichbar mit der Entdeckung, daß Sie ausschließlich unter Verwendung eines Bankformulars mit zehn oder sechsundzwanzig Zeilen Ihr Konto ausgleichen könnten. Vielleicht würden Sie irgendwann verstehen, warum Ihr Konto dies von Ihnen verlangt, aber die Angelegenheit insgesamt bliebe für Sie stets mysteriös. Ebenso verstehen die Theoretiker mittlerweile, warum zehn- und sechsundzwanzigdimensionale Superstrings anders sind, aber das läßt den Befund an sich nicht weniger erstaunlich erscheinen.

Natürlich führt die Multidimensionalität der Superstrings zu einem weiteren Problem: Schließlich leben wir ja in einer Welt mit vier Dimensionen (drei räumlichen und einer zeitlichen). Um diese Unvereinbarkeit aus dem Weg zu räumen, postulieren die Theoretiker, daß beim Ausfrieren der Schwerkraft die zusätzlichen Dimensionen einem Prozeß unterzogen wurden, der «Kompaktifizierung» genannt wird: Die zusätzlichen Dimensionen «rollten sich zusammen», so daß die Welt vierdimensional erscheint, es sei denn, Sie betrachteten sie auf einer äußerst feinen Skala.

Die Standardanalogie zur Erklärung der Kompaktifizierung bedient sich eines gewöhnlichen Gartenschlauchs. Wenn Sie ihn aus großer Entfernung sehen, ähnelt er einem Faden – einem eindimensionalen Objekt. Treten Sie dichter an ihn heran, erkennen Sie eine zusätzliche Dimension – die Breite des Schlauchs –, die «zusammengerollt» und nur sichtbar ist, wenn Sie aus der Nähe hinschauen. Genauso scheint ein normales Teilchen vierdimensional zu sein, und erst wenn Sie es aus sehr großer Nähe betrachteten, könnten Sie den Faden, den String, in seinem Innersten erkennen, der sich in diesem Fall als zehndimensional erwiese.

Was sollen wir nun mit den Superstrings anfangen? Einerseits liefern sie eine schöne und elegante «Erklärung für alles», ein System, in dem alle Kräfte auf gleicher Grundlage stehen – die endgültige Verwirklichung von Einsteins Traum. Einige Versionen bieten sogar den Vorteil, daß die Schwerkraft auch nach der Planck-Zeit – jenem Moment in unserem rückwärts laufenden Film, in dem die Schwerkraft sich mit allen anderen Kräften vereint – einbezogen bleibt, so daß sie auch für unsere gegenwärtige Welt die Kräfte in vereinheitlichter Form beschreiben.

Andererseits liefern diese Hypothesen gegenwärtig keine experimentell oder durch Beobachtung nachprüfbare theoretische Voraussage. Die Theoretiker sind den Experimentatoren so weit vorausgeeilt, daß sie sich nicht mehr an Beobachtungen orientieren können, sondern sich auf ihren ästhetischen Sinn verlassen müssen. Noch nie zuvor wurde versucht, Wissenschaft auf diese Art zu betreiben, und es wird interessant sein zu beobachten, was dabei herauskommt.

Das Schattenuniversum

Ein mögliches verblüffendes Ergebnis der Superstring-Theorien wäre, daß sich aus ihnen das Auftauchen einer neuen Art Dunkler Materie ableiten ließe. Rocky Kolb, David Seckel und Michael Turner von der University of Chicago und vom Fermi National Accelerator Laboratory wiesen darauf hin, daß die Gleichungen einer besonders unter ästhetischen Gesichtspunkten bestechenden Version nahezulegen scheinen, das Universum habe sich zur Planck-Zeit in zwei separate Teile aufgespalten: die uns vertraute Welt mit der vollständigen Anzahl von Partikeln und ihren supersymmetrischen Partnern und, zusätzlich, eine Schattenwelt.

Die Materie in dieser Schattenwelt ähnelt insofern der unseren, als auch sie ihre Partikel und «Spartikel» hat. In jeder dieser Welten treten die Teilchen durch alle vier Naturkräfte miteinander in Wechselwirkung. Dagegen können die Teilchen der einen Welt mit denen der anderen ausschließlich durch die Schwerkraft wechselwirken.* Ein Elektron und ein Schattenelektron können einander nahe sein, ohne dabei eine elektrische Kraft zu «spüren», obwohl jedes auf seine eigene Art elektrisch geladen ist. Die einzige zwischen den beiden wirksame Kraft wäre die relativ schwache Gravitationsanziehung.

Die Idee, daß es ein Schattenuniversum geben könnte, bietet uns eine einfache Möglichkeit, unsere Gedanken über die Dunkle Materie in die richtigen Bahnen zu lenken. Zur Planck-Zeit teilte sich das Universum in Materie und Schattenmaterie auf, die sich nach jeweils eigenen, wenngleich parallelen Gesetzen entwickelten. Vermutlich entdeckte irgendein Schatten-Hubble die Expansion seines Schattenuniversums, und wahrscheinlich prüfen gerade ein paar

---

* Strenggenommen dürfte man Schattenmaterie aufgrund dieser Eigenschaft nicht unter dem Stichwort WIMP aufführen, da WIMPs mit normaler Materie mittels anderer Naturkräfte als der Schwerkraft wechselwirken können. Das ändert aber nichts daran, daß Schattenmaterie in dem Sinne, wie wir den Begriff benutzen, immer noch «dunkel» wäre.

188   Wird das Universum von WIMPs beherrscht?

Schattenastronomen, ob wir als Kandidaten für *ihre* Dunkle Materie in Frage kommen. Vielleicht gibt es irgendwo da draußen sogar ein Schatten-Sie, das eine Schattenversion dieses Buches liest!

Axionen

Ein anderes bevorzugtes WIMP ist das sogenannte Axion. Wie das Photino und dessen Partner, wurde das Axion aufgrund von Erwägungen vorgeschlagen, die die Symmetrie betreffen. Im Gegensatz zu den «Spartikeln» ergibt es sich jedoch eher aus den Vollständigen Einheitlichen Theorien, die das Universum zum Zeitpunkt 10^{-35} Sekunden beschreiben, als aus den vollständig vereinheitlichten Theorien, die zur Planck-Zeit in Aktion treten.

Physikern ist schon seit längerer Zeit bekannt, daß jede Reaktion zwischen Elementarteilchen einer Symmetrie gehorcht, die wir CPT-Symmetrie nennen. Betrachten wir die Filmaufnahme von einer Reaktion und sehen uns danach erstens dieselbe Reaktion in einem Spiegel an, ersetzen zweitens alle Teilchen durch Antiteilchen und lassen drittens den Film rückwärts laufen, werden die Ergebnisse beider Beobachtungen übereinstimmen. In diesem System steht das P für «parity transformation» (Paritätstransformation; das Vertauschen von links nach rechts im Spiegel), das C steht für «charge conjugation» (Ladungskonjugation; das Ersetzen der Teilchen durch Antiteilchen) und T für «time reversal» (Umkehrung der Zeitrichtung; das Rückwärtslaufen des Films).

Man glaubte, die Welt sei hinsichtlich CPT symmetrisch, weil sie, zumindest auf Elementarteilchenebene, hinsichtlich C, P und T, jeweils für sich genommen, symmetrisch war. Es hat sich aber herausgestellt, daß dies nicht stimmt. Die Welt, in einem normalen Spiegel gesehen, weicht geringfügig von der direkt betrachteten Welt ab, so wie auch die Welt, die wir sehen, wenn der Film rückwärts abgespult wird, anders aussieht. Nun geschieht folgendes: Die Abweichungen zwischen der wirklichen und der umgekehrten

Welt heben sich gegenseitig auf, sobald wir die drei Umkehrungen miteinander kombiniert betrachten.

Dennoch gilt ebenso, daß die Welt *beinahe* symmetrisch ist, wenn nur die Operationen CP kombiniert werden oder wenn allein T stattfindet. Wenn Sie also in einen Spiegel schauen und ersetzen die Teilchen durch Antiteilchen, stimmt diese Welt fast mit der wirklichen, Sie umgebenden Welt überein. Es ist dieses «Beinahe», das den Physikern keine Ruhe läßt. Warum sollten die Dinge nur nahezu vollkommen sein, haarscharf am Optimum vorbei?

1977 fanden Roberto Peccei und Helen Quinn von der Stanford University eine natürliche Möglichkeit, diese Frage im Rahmen der Großen Einheitlichen Theorien zu beantworten. Wie sie erst später erkannten, führt diese Antwort zu der Annahme eines hypothetischen Teilchens, das sie «Axion» nannten. Das Axion soll sehr leicht sein (weniger als ein Millionstel der Elektronenmasse) und nur äußerst schwach mit anderer Materie wechselwirken. Die kleine Masse und die geringe Wechselwirkung erklären das «Beinahe», das den Theoretikern soviel Kopfzerbrechen bereitete.

Von Kosmologen durchgeführte Berechnungen ergeben, daß Axionen in einem expandierenden Universum eigentlich ein Hintergrundstrahlungsfeld bilden müßten, ähnlich dem 2,7 K-Mikrowellenhintergrund (siehe Kapitel 3). Die Unregelmäßigkeiten in diesem Axionenhintergrund könnten die Rolle der Dunklen Materie spielen.

Zusammenfassung

Hier stelle ich die exotischen Kandidaten für Dunkle Materie noch einmal im Überblick zusammen. Hinzu kommt eine kurze Beschreibung ihrer Eigenschaften und eine knappe Begründung, weshalb man an ihre Existenz glaubt.

Supersymmetrische Teilchen –
Photinos, Squarks etc.
Diese Teilchen werden von Theorien vorausgesagt, die alle Naturkräfte vereinheitlichen. Sie bilden «Partner», Analoga zu den uns
vertrauten Teilchen, sind allerdings viel schwerer. Ihre Namen
ähneln denen ihrer Partner in unserer Welt: Das Squark ist der
supersymmetrische Partner des Quark, das Photino der Partner des
Photons, und so weiter. Die leichtesten dieser Teilchen könnten die
Dunkle Materie bilden. Falls dies zutrifft, sind allerdings auch die
leichtesten «Spartikel» vermutlich mindestens vierzigmal schwerer
als das Proton.

Schattenmaterie
In manchen Versionen der sogenannten Superstring-Theorien gibt
es ein ganzes Universum aus Schattenmaterie, das parallel zu unserem eigenen Universum existiert. Die beiden Universen trennten
sich voneinander, als sich die Schwerkraft von den anderen Kräften
löste. Die Schattenteilchen treten nur durch die Schwerkraft mit uns
in Wechselwirkung, was sie zu idealen Kandidaten für Dunkle Materie macht.

Axionen
Das Axion ist ein sehr leichtes (aber vermutlich weitverbreitetes)
Teilchen, das – vorausgesetzt, es existiert – ein schon lange bestehendes Problem in Theorien der Elementarteilchenphysik lösen
würde. Seine Masse wird auf weniger als ein Millionstel der
Elektronenmasse geschätzt, und es soll – ähnlich wie die Hintergrundstrahlung – das Universum durchdringen. Dunkle Materie
würde dann aus Anhäufungen von Axionen oberhalb des allgemeinen Hintergrundniveaus bestehen.

WIMPs in der Sonne?

Das ganze Kapitel hindurch habe ich die Tatsache betont, daß alle besprochenen Kandidaten für Dunkle Materie rein hypothetische Teilchen sind. Ich wäre jedoch nachlässig, wenn ich ein Argument nicht erwähnte, das die Annahme, die eine oder andere Art WIMPs könnten existieren, zu unterstützen scheint – ein winziger Hoffnungsschimmer. Dieses Argument hat etwas mit Problemen zu tun, die aus unserem Verständnis der Funktionsweise und Struktur der Sonne hervorgegangen sind.

Wir glauben, daß die Strahlungsenergie der Sonne von Kernreaktionen tief in ihrem Inneren herrührt. Wenn dies zutrifft, müssen diese Reaktionen Neutrinos erzeugen, die sich auf der Erde prinzipiell nachweisen ließen. Kennen wir die Temperatur und die Zusammensetzung des Sonnenkerns – und wir gehen davon aus, daß wir sie kennen –, dann können wir die genaue Menge der abgestrahlten solaren Neutrinos voraussagen. In einer Goldmine in South Dakota, USA, ist in den vergangenen zwanzig Jahren ein Experiment zum Nachweis genau dieser Neutrinos durchgeführt worden. Die registrierte Anzahl beträgt aber nur etwa ein Drittel der zu erwartenden Menge. Dieses «Rätsel der Sonnenneutrinos» macht den Wissenschaftlern schwer zu schaffen.

Die zweite Eigenschaft der Sonne, die die Existenz von WIMPs betreffen könnte, wird als Sonnenoszillation bezeichnet. Wenn Astronomen die Sonnenoberfläche beobachten, sehen sie bestimmte Vibrationseffekte – die ganze Sonne kann in regelmäßigen Abständen einige Stunden lang pulsieren. Diese Oszillationen ähneln in gewisser Hinsicht Erdbebenwellen. Aus diesem Grund nennen Astronomen ihre Untersuchungen «solare Seismologie». Da wir die Zusammensetzung der Sonne zu kennen glauben, sollten wir in der Lage sein, die Eigenschaften dieser «Sonnenbebenwellen» vorauszusagen. Doch gibt es auf diesem Gebiet einige schon seit langem bestehende Diskrepanzen zwischen Theorie und Beobachtung, die bislang nicht geklärt werden konnten.

192 Wird das Universum von WIMPs beherrscht?

Erst kürzlich haben Astronomen festgestellt: Wenn es tatsächlich überall in unserer Galaxis Dunkle Materie in Form von WIMPs gibt, hätte die Sonne im Laufe ihrer Lebenszeit eine ansehnliche Menge davon absorbiert. WIMPs wären deshalb ein Bestandteil der Sonne, der bis heute noch nicht berücksichtigt worden ist. Werden WIMPs in Berechnungen einbezogen, kommt man zu zwei Ergebnissen: Erstens wäre die Temperatur im Kern der Sonne geringer als vermutet, so daß weniger Neutrinos abgestrahlt würden, und zweitens veränderten sich dadurch die Eigenschaften des größten Teils der Sonne derart, daß die Voraussagen der Sonnenoszillationen sich als korrekt erweisen würden.

Dieses Ergebnis könnte ein Hinweis auf die Existenz von WIMPs sein, aber Sie sollten ihm nicht allzuviel Bedeutung beimessen. Sowohl das Neutrinoproblem als auch die Oszillationen könnten genausogut auf andere Effekte zurückgeführt werden, die nichts mit WIMPs zu tun haben. So könnte beispielsweise die in Kapitel 10 besprochene Neutrino-Oszillation das Rätsel der solaren Neutrinos lösen, selbst wenn das Neutrino nur eine sehr geringe Masse aufwiese. Auch könnten verschiedene Veränderungen in Details der inneren Sonnenstruktur die Oszillationen erklären. Doch wie auch immer – einen anderen Hinweis auf die Existenz eines der exotischen Kandidaten für Dunkle Materie als diese solaren Phänomene gibt es zur Zeit nicht.

Dinosaurier und Dunkle Materie

Das ganze Gerede über Supersymmetrie und endgültige Theorien verleiht der Diskussion über die Natur der Dunklen Materie einen schwerfälligen Ton, der in keiner Weise der tatsächlichen Atmosphäre entspricht, in der die Debatte unter Kosmologen geführt wird. Was ich an ihnen am meisten schätze, ist ihr Sinn für Humor und der realistische Blick für die Bedeutung ihrer Arbeit.

Als ich kürzlich vor einer Gruppe von Kosmologen ein Referat über das Aussterben der Dinosaurier hielt, erklärte ich eine Theorie, der zufolge die Sonne auf ihrer Rotationsbahn um die Milchstraße regelmäßig aus der galaktischen Ebene aufsteige und die Erde tauche in ein Bad tödlicher kosmischer Strahlung, die das Weltall außerhalb der galaktischen Ebene durchdränge. Wie aus der Pistole geschossen kam die Frage eines Studenten aus der letzten Reihe: «Sie meinen also, die Dinosaurier wurden durch Photinostrahlung ausgelöscht?»

Wir brachen alle in Gelächter aus. Die riesenhaften, düsteren und zweifellos echten Fossilien in Museen dem vagen, nur in der Theorie existierenden Photino gegenübergestellt zu sehen, war eine haarsträubend groteske Vorstellung. Dieser lockere Umgang mit einer der wichtigen Fragen der modernen Kosmologie ist typisch für die geistige Haltung von Wissenschaftlern, die in diesem Bereich arbeiten. Er trägt dazu bei, ein kompliziertes Thema amüsant zu gestalten.

Zwölf

Kosmische Strings – die Lösung oder Patentrezept?

> Still, ihr Kinder, hört gut zu,
> eine garstige Geschichte erzähl ich euch nun.
> Still, ihr Kinder, hört gut zu,
> es ist die Geschichte vom Wurm.
>
> *Irisches Volkslied*

Eines muß von Anfang an klar sein. Kosmische Strings, um die es in diesem Kapitel geht, sind etwas ganz anderes als die Superstrings, auf die ich im vorigen Kapitel eingegangen bin. Sie sind nur durch ihre Namen miteinander verbunden. Superstrings sind kleiner als die kleinsten Elementarteilchen, kosmische Strings hingegen können sich über weite Teile des Universums erstrecken. In einigen Versionen der Theorien durchziehen sie tatsächlich das gesamte Universum wie die Schnur einer Perlenkette. In überdrehter Stimmung stelle ich sie mir gern als Reinkarnation der mythischen Schlange Ourobouros vor, die sich in den eigenen Schwanz beißt – ein altes ägyptisches Symbol. Und in der altnordischen Kosmologie ist die Welt von einer Schlange umgeben, die auf ewig unsichtbar ist und doch auf ewig in die irdischen Belange eingreift. Drückt man ein Auge zu, kann man die Verbindung zwischen den alten Mythen und den neuen Gedankengebäuden in der Kosmologie erkennen.

Was sind kosmische Strings?

Kosmische Strings sind lange eindimensionale Objekte im Raum. Falls sie existieren sollten (wie Sie noch sehen werden, ist dies sehr fraglich), sind sie unglaublich massiv. Auf der Erdoberfläche würde ein Stück String, das so lang ist wie der Durchmesser eines Atoms, eine Million Tonnen wiegen. Ein Stück von der Größe eines Sandkorns benötigte die Tragkapazität so vieler Lastwagen, daß diese, hintereinander gereiht, achtmal den Äquator umspannen würden. Aufgrund seiner gigantischen Masse übt der String eine starke Anziehung auf Materie in seiner Umgebung aus. Folglich eignet er sich hervorragend dafür, im Verlauf der Bildung großräumiger Strukturen im Universum die Rolle der Dunklen Materie zu spielen.

Aus der enormen Masse des String schließen wir, daß er in einer sehr frühen Entwicklungsphase des Universums erzeugt worden sein muß, als es sehr heiß war und ausreichend Energie zur Verfügung stand, um solche exotischen Objekte zu erschaffen. Im gegenwärtigen Universum könnte kein Prozeß, ob von Menschenhand ausgelöst oder natürlichen Ursprungs, die zur Erzeugung eines kosmischen String benötigten Energien hervorbringen. Wenn solche Objekte existieren, müssen sie Relikte einer früheren Zeit sein.

Strings sind nicht nur massiver als alles, was wir produzieren können, sondern sie bestehen auch – falls sie existieren – aus einer völlig unbekannten Form von Materie. Gewöhnlich stellen wir uns Teilchen, wie beispielsweise das Proton, als kleines Materiebündel vor. Wir wissen zwar, daß wir das Proton genausogut als Bündel reiner Energie betrachten können – $E = mc^2$ –, aber man kann es sich nur sehr schwer in dieser Form vorstellen. In den meisten Situationen verursacht diese Äquivalenz von Masse und Energie keine Schwierigkeiten. Beim kosmischen String hingegen müssen wir uns mit dieser Äquivalenz auf einer sehr grundlegenden Ebene auseinandersetzen, was alles andere als einfach ist.

Die Bildung kosmischer Strings

Um zu verstehen, was Strings sind, müssen wir zu dem Zeitpunkt zurückgehen, als das Universum 10^{-35} Sekunden alt war, die starke Kraft sich aus dem Verbund der anderen Kräfte herauslöste und das Universum sich inflatorisch auszudehnen begann. Strings können als ein Nebenprodukt dieses Einfrierprozesses betrachtet werden.

Wenn Wasser gefriert, geht es von einem Zustand hoher Symmetrie in einen Zustand geringerer Symmetrie über. Damit meine ich folgendes: Befänden Sie sich in der Mitte eines Eiskristalls und drehten diesen um 60 Grad, wäre Ihre Umgebung in ihrer Erscheinung identisch mit der Umgebung, die Sie sahen, bevor Sie die Drehung vollzogen. Dies haben wir im Sinn, wenn wir eine Schneeflocke als symmetrisch bezeichnen. Es ist jedoch eine eingeschränkte Art von Symmetrie – drehten Sie nämlich den Kristall um 10 oder 34 Grad, würden Sie sofort feststellen, daß sich Ihre Umgebung verändert hat. Im Wasser gäbe es diese Einschränkung nicht. Wie auch immer Sie sich drehten, Sie würden stets genau das gleiche sehen. Deshalb hat ein Wassertropfen, so nichtssagend und gleichförmig er auch sein mag, für einen Physiker eine höhere Symmetrie als eine Schneeflocke oder ein Eiskristall. Ich gehe deshalb so ausführlich auf diesen Punkt ein, weil die Art und Weise, wie Physiker den Begriff «symmetrisch» verwenden, sich vom üblichen Sprachgebrauch unterscheidet.

Man kann sich also das Gefrieren von Wasser als einen Übergang von höherer zu verminderter Symmetrie vorstellen. In ähnlicher Form kann man sich das Gefrieren der starken Kraft bei 10^{-35} Sekunden (das sogenannte «GUT-Einfrieren» *) als einen Übergang von einem Universum, das sich in einem Zustand höherer Symmetrie befand (in dem es nur zwei Naturkräfte gab), in ein Universum

---

* Der Begriff weist darauf hin, daß sich die Grand Unified Theories, die Großen Einheitlichen Theorien, auf diese Ära beziehen. Vgl. James Trefil, «Im Augenblick der Schöpfung», S. 182 ff. *Anm. d. Red.*

mit verminderter Symmetrie (in dem es drei Naturkräfte gab) vorstellen. Wie wir im elften Kapitel sahen, berufen sich die Supersymmetrie-Theorien ausdrücklich auf diese Sicht. Daher können wir etwas über das «GUT-Einfrieren» erfahren, indem wir uns vergegenwärtigen, wie ein Teich zufriert.

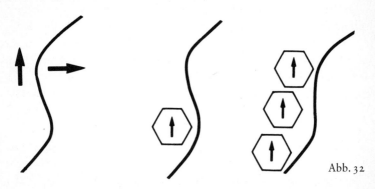

Abb. 32

Die Oberfläche des Teiches verwandelt sich nicht plötzlich in eine Eisdecke, wenn die Temperatur unter den Gefrierpunkt sinkt. Vielmehr setzt die Eisbildung an verschiedenen Stellen des Ufers ein, wo sich das flache Wasser am schnellsten abkühlt, und breitet sich von dort zur Mitte hin aus. In jedem Stück Eis sind die Kristalle in der gleichen Symmetrierichtung angeordnet. Die Kristalle in dem einen Stück, «Domäne» genannt, müssen aber nicht in dieselbe Symmetrierichtung zeigen wie die in einer anderen Domäne. Es wäre höchst erstaunlich, wenn sie übereinstimmten, denn das bedeutete, daß eine am einen Ufer wachsende Eisdomäne wüßte, was eine der Domänen am gegenüberliegenden Ufer täte. Denn wie sonst sollte sie ihre Kristalle entsprechend ausrichten können?

Während die Temperatur immer weiter sinkt, wachsen die Domänen, bis sie an einer Nahtstelle aneinanderstoßen und den gesamten Teich bedecken. Es ist interessant, darüber nachzudenken, was beim Zusammentreffen zweier Domänen geschieht. Markieren wir die Richtung einer der Kristallsymmetrieachsen in jeder Domäne mit einem Pfeil, wie in Abbildung 32 (links) dargestellt, so findet an der Domänengrenzfläche ein diskontinuierlicher Wechsel von einer Symmetrierichtung zur anderen statt. Sie können diese Stellen häufig auf der Oberfläche eines gefrorenen Teiches sehen. Das Eis ist dort geringfügig dicker und klumpiger als anderswo. Die Domänengrenzfläche ist ein sogenannter «Defekt» im kristallinen Eis.

Das Bemerkenswerte an Defekten ist ihr Energieverbrauch. Das ist leicht nachzuvollziehen. Stellen Sie sich vor, was wohl geschähe, wenn Sie einen einzigen Eiskristall zum Rand einer Domäne brächten, der als Wellenlinie in Abbildung 32 (Mitte) dargestellt ist. Die von den Atomen der Eisdomäne ausgeübte Kraft würde den Kristall so drehen, daß er sich entlang der Symmetrieachse der Domäne orientieren würde, was dem üblichen Eiswachstum entspricht – das neu entstehende Eis wird in Ausrichtung an der bereits gewachsenen Domäne dieser hinzugefügt.

Betrachten Sie jetzt die Situation aus einem anderen Blickwinkel: Die Konfiguration, die den neuen, an der Domäne ausgerichteten Kristall enthält, ist der niedrigstmögliche Energiezustand, in dem das System sein kann. Sich selbst überlassen, sinkt das System so automatisch in diesen Zustand hinab, wie ein Ball auf einem Berghang talwärts rollt. Um den Kristall in einer anderen Ausrichtung zu halten als der, die er in der Domäne jenseits des Defekts annähme, muß dem System Energie hinzugefügt werden. Wenn sich also ein Defekt bildet und eine große Anzahl Kristalle aus ihrer natürlichen Ausrichtung gebracht wird (wie in Abbildung 32, rechts, gezeigt), muß folglich Energie im System eingeschlossen sein. Könnte man die Ausrichtung der Kristalle ändern, würde man dem System Energie entziehen können.

Jetzt wird es etwas komplizierter. Weil der Defekt Energie gespeichert hat, ist er schwerer als das benachbarte Eis – eine Implikation der Formel $E = mc^2$. Ein Körper, dem Energie hinzugefügt wird, hat eine größere Masse – und ist deshalb schwerer – als vorher. Eine Mausefalle mit gespannter Feder ist schwerer als im nicht gespannten Zustand. Im Alltag denken wir nicht an solche Dinge, weil es keine Waage gibt, die einen derart kleinen Unterschied messen könnte; er wäre bei weitem geringer als die Masse des kleinsten Elementarteilchens. Nur wenn wir es mit jenen enormen Massen und Energien unter den im frühen Universum herrschenden Bedingungen zu tun haben, müssen wir die vollen Auswirkungen der Äquivalenz von Masse und Energie im Auge behalten.

Wenn wir uns nun die Oberfläche der neu gebildeten Eisdecke ansehen, erkennen wir eine Struktur, die der in Abbildung 33 gezeigten ähnelt. Vor einem mehr oder weniger gleichförmigen Hintergrund, der den unabhängig voneinander gewachsenen Eisdomänen entspricht, entdecken wir eine Reihe von Adern, deren geringfügig größere Massen durch die Defekte erzeugt wurden, die sich entlang der Nähte der einzelnen Domänen gebildet haben.

Etwas Vergleichbares könnte, so die Hypothese, stattgefunden haben, als bei 10^{-35} Sekunden das Einfrieren des Universums einsetzte. Die Verwandlung des Universums in diesen neuen Zustand geschah nicht plötzlich. Wie das Eis auf dem Teich kam er, von verschiedenen Bildungspunkten ausgehend, allmählich zustande. Es bildeten sich den Eisnähten vergleichbare Defekte, die aufgrund der damals verfügbaren gewaltigen Energien große Massen annahmen. Kosmische Strings sind nur einer von den Defekttypen, die sich im Gefrierprozeß des Universums gebildet haben könnten.

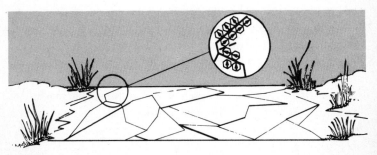

Abb. 33

Viele der Großen Einheitlichen und der Supersymmetrie-Theorien postulieren die Bildung von Strings zu eben diesem Zeitpunkt, als das Universum 10^{-35} Sekunden alt war. Und obwohl die verschiedenen Theorien entsprechend unterschiedliche Strings voraussagen, besitzen alle Strings in diesen Modellen die gleichen allgemeinen Eigenschaften: Sie sind, wie schon erwähnt, außerordentlich massiv. Außerdem sind sie sehr dünn – der Durchmesser eines String ist viel kleiner als beispielsweise der eines Protons.[*] Die Strings tragen keine elektrische Ladung, so daß sie auch nicht – wie gewöhnliche Teilchen – mit Strahlung wechselwirken. Sie treten in allen Formen auf: in langen Wellenlinien, geschwungenen Schleifen, dreidimensionalen Spiralen und so weiter. Es ist klar, daß sie perfekte Kandidaten für die Dunkle Materie wären. Sie üben Gravitationsanziehung aus und können im frühen Universum nicht durch Strahlungsdruck aufgelöst werden.

Kosmische Strings und Galaxien

Wenn sich stabile Strings erst einmal gebildet haben, bleiben sie lange erhalten. Seit ihrer Entstehung bei 10^{-35} Sekunden stellten sie einen massiven, klumpigen Hintergrund dar, vor dem sich die Evolution der Teilchen, Kerne und Atome abspielte. Da Strings im Gegensatz zu einem Plasma nicht vom Strahlungsdruck beeinflußt werden, können sie als Kondensationskerne – als die «Keime» – für die Bildung von Galaxien, galaktischen Haufen und Superhaufen dienen, vorausgesetzt, sie überleben lange genug.

Einer der Hauptverfechter dieser Hypothese ist ein junger theoretischer Physiker namens Niel Turok, der am Londoner Imperial College lehrt. Turok hat es zu seiner Lebensaufgabe gemacht (sofern man dies von einem Mann sagen kann, der noch nicht mal

---

[*] Die geschätzte Dicke eines String beträgt 10^{-30}, der Durchmesser eines Protons 10^{-13} Zentimeter.

dreißig ist), das Verhalten kosmischer Strings zu enträtseln. Er arbeitet an den Gleichungen einer komplexen Quantenfeldtheorie, die kosmische Strings und ihr Verhalten beschreiben sollen. Imposant ist die Gründlichkeit, mit der er vorgeht. Anstatt dem üblichen Weg zu folgen – das Verhalten der Strings zu berechnen und das Nachdenken über die Auswirkungen der Strings auf die Galaxienfrage anderen zu überlassen –, haben Turok und seine Mitarbeiter sich entschlossen, Kosmologie zu studieren. Es kommt nicht gerade häufig vor, daß sich Wissenschaftler in ihrem Eifer, ein neues Terrain zu erforschen, die Zeit nehmen, auf diese Weise ihren Horizont zu erweitern. Noch ungewöhnlicher ist die Tatsache, daß P. J. E. Peebles von der Princeton University, der strengste Kritiker der String-Hypothese, ihr Tutor gewesen ist – eine Zusammenarbeit, die eines der höchsten Ideale der Wissenschaft zum Ausdruck bringt.

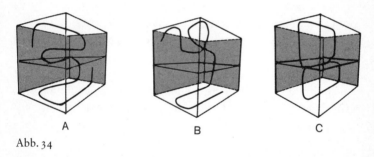

Abb. 34

Das Bild, das sich aus Turoks Arbeit ergibt, scheint die Lösung für viele der in diesem Buch angesprochenen Probleme zu enthalten – und man kann es sich leicht vorstellen. Den Computersimulationen zufolge bildeten die Defekte während des GUT-Einfrierens eine lange, ununterbrochene Kette, wie in Graphik A der Abbildung 34 dargestellt. Die verschiedenen Stringsegmente peitschten mit annähernder Lichtgeschwindigkeit durch den Raum. Wenn sich dieser ursprüngliche String, wie in Graphik B gezeigt, selbst kreuzt, trennt sich, so Turok, die sich dabei ausbildende Schleife vom ursprünglichen kosmischen String.

Kurze Zeit später war also das Universum angefüllt mit Stücken verschieden geformter kosmischer Strings. Einige waren schlangenartige, leicht zappelnde Linien. Ein solcher hin und her schwingender String zieht die Materie in seiner Umgebung zu einer Fläche zusammen. Die häufigere Gestalt eines Fadens war eine geschlossene Schleife, wie sie in Bild B dargestellt ist. An solche Schleifen dachte ich, als ich die Schlange Ourobouros erwähnte. In diesem Modell würde sich die zur Schleife hingezogene Materie zu einem sphärischen oder zigarrenförmigen Haufen anordnen.

Das Interessante an diesen Formen ist weniger ihre Geometrie als ihre Evolution. Wenn beispielsweise eine Schleife während ihres Schwingens im Raum durch Überkreuzung eine Acht bildet, teilt sie sich in zwei separate Schleifen auf. Jede Schleife ist dann ein Stück der ursprünglichen «Acht», wie in Graphik C dargestellt. Turok bezeichnet diesen Prozeß als «Abwerfen der Schleifen».

Sind kosmische Strings erst einmal erzeugt, bleiben sie also keine statischen Gebilde im Raum. Sie verändern sich, während sie sich umherbewegen, und aus großen Schleifen werden im Laufe der Zeit kleine. Dies macht die String-Hypothese zwar komplizierter, eröffnet uns aber die Möglichkeit, sie anhand von Beobachtungen zu prüfen. Nachdem wir die Entwicklungsgeschichte der Strings verfolgt haben, können wir uns nun mit der Frage beschäftigen, wie die Materie angeordnet ist, die zu ihnen hingezogen wird. Folgt aus der Theorie, daß sich die Strings vor dem Entkoppeln der Strahlung in Stücke von Galaxiengröße (oder noch kleinere Segmente) aufspalteten, dann postuliert sie damit ein Universum, in dem Galaxien mehr oder weniger wahllos im Leerraum verteilt sind. Wenn aber die Strings so lang bleiben wie galaktische Superhaufen, müssen wir auf ein Universum gefaßt sein, in dem alle Galaxien entlang der von den Fäden vorgegebenen Linien im Raum aufgereiht sind. Das wirkliche Universum befindet sich natürlich irgendwo zwischen diesen beiden Extremen, doch es kommt der zweiten Möglichkeit näher als der ersten.

Einer der großen Triumphe für Turok und seine Mitarbeiter war

Kosmische Strings und Galaxien 203

die Berechnung der Korrelationsfunktion (vgl. S. 88), die unter der Voraussetzung, daß Strings existieren, für Galaxien zu erwarten ist. Wie Sie sich vielleicht erinnern, drückt die Korrelationsfunktion folgende Wahrscheinlichkeit aus: Wenn an einem bestimmten Punkt im Raum eine Galaxie existiert, befindet sich in einem gewissen Abstand von ihr eine zweite Galaxie. In einem völlig willkürlich angeordneten Universum müßte man damit rechnen, daß Galaxien durch jede beliebige Entfernung gleich häufig voneinander getrennt sind. Kein Abstand wäre wahrscheinlicher als irgendein anderer. Dagegen wäre die Korrelationsfunktion in einem streng geordneten Universum, wo alle Galaxien gleich weit voneinander entfernt sind, überall exakt gleich Null, außer bei dem gewählten Abstand.

Ausgehend von der Mechanik der kosmischen Strings kann man ausrechnen, wie oft sich Materie um die Schleifen und Flächen verschiedener Größen anhäuft, und auf der Basis dieser Werte voraussagen, mit wie vielen in unterschiedlich großen Gruppen auftretenden Galaxien man rechnen kann. Das heißt: Wenn man die zu erwartenden Größen der kosmischen Strings herausgefunden hat, kann man auch die voraussichtlichen Abstände der Galaxien berechnen. Abbildung 35 stellt nach meinem Dafürhalten das zur Zeit gewichtigste Indiz für das Vorhandensein der Strings dar. Auf der vertikalen Achse ist die Korrelationsfunktion eingezeichnet. Die Horizontale zeigt den Abstand an. Die gestrichelte Linie gibt die aus der String-Theorie abgeleiteten Wahrscheinlichkeitswerte an, während die Punkte die Beobachtungsdaten darstellen. (Die durch diese Punkte hindurchgehenden senkrechten Linien stecken die von den Astronomen eingestandenen Meßungenauigkeiten ab.) Die Übereinstimmung zwischen Voraussage und Beobachtung ist verblüffend.

Akzeptieren wir dieses Resultat als Beweis, ergibt sich ein noch erstaunlicheres Bild vom frühen Universum. Kurze Zeit nach dem GUT-Einfrieren war das Weltall eine riesige Schlangengrube, in der sowohl frei schwingende als auch in Schleifen gewundene

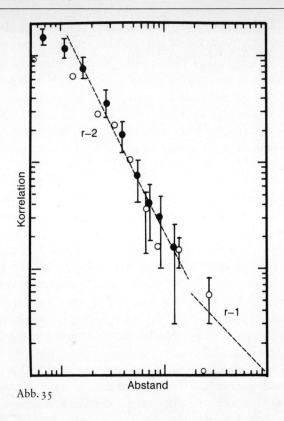

Abb. 35

Strings umherschwirrten, zusammenstießen, neue Schleifen abwarfen und an der Expansion des Universums teilnahmen. Als die gewöhnliche Materie nach und nach die verschiedenen Einfrierstadien durchlief, die ich im dritten Kapitel beschrieben habe, blieben die Strings im Hintergrund und entwickelten sich nach ihren eigenen Gesetzen. Während dieser Zeit übten sie Gravitationsanziehung auf die übrige Materie aus und verursachten dadurch deren Anhäufung zu Verdichtungen, die schließlich zu Galaxien wurden. Diese Ansammlungen von Materie um die Strings herum bestanden *sowohl aus Dunkler als auch gewöhnlicher Materie*, da beide Materiearten von der Gravitation beeinflußt werden. Aus dieser Sicht nahmen die Galaxien mit ihren bereits vorhandenen Bestandteilen aus leuchtender und Dunkler Materie Gestalt an. Komplizierte Debatten über erforderliche Verzerrung, wie in den Hypothesen über kalte Dunkle Materie, sind hier nicht nötig.

Etwas Wichtiges kommt hinzu: Das String-Modell ermöglicht es uns, Strukturen wie den großen Pegasus-Perseus-Superhaufen zu erklären. Ein langer kosmischer String zieht auf natürliche Weise Materie an, und aus dieser Materie bilden sich auf natürliche Weise Galaxien, die wie Perlen auf einer Kette angeordnet zu sein scheinen. Anders gestaltete Haufen sind auf entsprechend andere Stringformen zurückzuführen. Die standhafte Weigerung des Universums, im großen Maßstab Homogenität zu zeigen, spiegelt einfach die Tatsache wider, daß es nicht homogen ist. Diese Eigenschaft ist ein Vermächtnis jenes frühen Augenblicks, als das GUT-Einfrieren die Strings so gestaltete, wie Eis Strukturen auf einem zufrierenden Teich bildet.

Wo sind sie jetzt?

Auf der Basis kosmischer Strings ergibt sich ein besonders reizvolles Modell vom Universum. So scheint beispielsweise im Kern jeder Galaxie ein String vorhanden zu sein, der sich, wie die Schlange Ourobouros, ins eigene Schwanzende beißt. Sind die Erfinder der alten Mythen tatsächlich der Wahrheit so nahe gekommen? Könnte man sich entlang des sich über eine Milliarde Lichtjahre erstreckenden Perseus-Pegasus-Superhaufens wie auf einem Seil durchs Weltall bewegen? Mit anderen Worten: Sind wir noch immer von kosmischen Strings umgeben?

Leider deuten neuere Theorien darauf hin, daß dieses etwas romantische Modell vom Universum höchstwahrscheinlich falsch ist. Der Grund: Kosmische Strings halten nicht ewig, sondern sterben langsam aus. Die größten Strings haben die längste Lebensdauer,

206 Kosmische Strings

die kleinsten vergehen am schnellsten. Nur die extrem großen Strings könnten bis auf den heutigen Tag überlebt haben.

Der Auflösungsprozeß der kosmischen Strings ist leicht mit Hilfe einer vertrauten Analogie zu verstehen. Wenn Sie eine Gitarrensaite zupfen, dann versetzen Sie sie in Schwingungen. Die dabei in der Luft entstehenden Schallwellen treffen auf Ihr Ohr, wo sie als Ton wahrgenommen werden. Die Wellen bestehen aus bewegten Luftmolekülen, und die Energie für die molekulare Bewegung wird von der Saite geliefert. Während die Schwingung an Ihr Ohr dringt, schwindet durch die stete Erzeugung von Schallwellen der Anfangsvorrat an Energie allmählich dahin. Schließlich ist die Energie verbraucht, und die Schwingung kommt zum Stillstand.

So verhält es sich auch mit kosmischen Strings. Im Anfangsstadium des Universums, den Zeiten der «Schlangengrube», wurden die Strings alle in heftige Bewegung versetzt; sie wurden tatsächlich «gezupft». Aus der allgemeinen Relativitätstheorie geht hervor, daß ein derart massives Objekt wie ein kosmischer String Wellen aussendet, wenn es beschleunigt wird. Natürlich erzeugt er keine Töne, zumal es im intergalaktischen Raum keine Luft gibt, in der sie sich ausbreiten können. Der String emittiert auch kein Licht oder irgendeine andere Form elektromagnetischer Strahlung, weil er nicht elektrisch geladen ist. Was von ihm ausgeht, sind sogenannte Gravitationswellen. So wie eine Schallwelle die Luft und eine elektromagnetische Welle eine elektrische Ladung in Bewegung versetzt, so bringt eine Gravitationswelle, die an einem Punkt des Raums vorbeiläuft, Materie an diesem Punkt in Bewegung. Ob Gravitationswellen nun tatsächlich in Labors nachgewiesen worden sind oder nicht, bleibt ein Diskussionsthema für Experimentalphysiker. Für unsere Zwecke reicht es, zu wissen, daß sie es dem kosmischen String ermöglichen, Strahlung auszusenden – seine Energie in Wellen umzuwandeln.

Doch gibt es einen Unterschied zwischen der Gitarrensaite und einem String. Der Gitarre steht nur die Energie der Schwingung zur Verfügung, um diese in einen Ton umzuwandeln. Ist die Energie verbraucht, hört auch die Saite auf zu schwingen, und nichts rührt sich mehr. Es gibt keinen Mechanismus, mit dem man die Massenenergie der Saite ebenfalls in Klang umwandeln könnte, es sei denn, man legt sie in den Core eines Kernreaktors.

Ein String hingegen ist reine Energie. Gibt er erst einmal Gravitationswellen ab, setzt sich dieser Prozeß so lange fort, bis sich der String förmlich totgestrahlt hat. Ist seine Energie erschöpft, bleibt nichts von ihm übrig. Deshalb sollte es möglich sein, auf der Basis des von der allgemeinen Relativitätstheorie vorausgesagten Tempos des Energieverlustes zu berechnen, wie lange die in einem String gespeicherte Energie ausreicht.

Es war eine hektische Zeit, damals, im Frühjahr und Sommer 1986, als es so aussah, als sei die Lebensdauer kosmischer Strings zu kurz, um als Kondensationskerne bei der Bildung von Galaxien zu dienen. Es schien, als produzierten sie Schleifen und verstrahlten all ihre Energie, bevor sich Materie und gewöhnliche Strahlung entkoppelten. Heute dagegen scheinen die Berechnungen zu zeigen, daß Schleifen, die die Keime von Galaxien bilden konnten, lange genug existierten, um diese Funktion zu erfüllen, aber nicht bis heute überlebt haben. Mit anderen Worten: Im Innersten der Milchstraße existiert keine Schlange Ourobouros, wohl aber müßten noch Strings vorhanden sein, die so groß waren, daß sie galaktische Haufen und Superhaufen um sich versammeln konnten.

Der aktuellen Version der Theorie zufolge verdichtete sich die Milchstraße ursprünglich um einen String herum, dessen Masse ein Hundertstel der gegenwärtigen Galaxismasse betrug und der etwa hundert Lichtjahre lang war. Anders ausgedrückt: Der galaktische «Keim» brachte die Masse von etwa hundert Millionen Sonnen auf die Waage, und seine Länge entsprach dreißig normalen Sternabständen in unserer heutigen Galaxis. Nachdem der Faden die leuchtende *und* die Dunkle Materie angesammelt hatte, verstrahlte er. Vermutlich verschwand er in einer «Rauchwolke» aus exotischen Teilchen von der Art, wie sie im elften Kapitel vorgestellt wurden. Sein einziges Vermächtnis ist die Galaxie namens Milchstraße.

Auf der Suche nach kosmischen Strings

Vielleicht kommt Ihnen dieses Szenario eine Spur zu glatt vor. Daß das verzwickte Problem der Galaxienbildung durch ein theoretisches Konstrukt wie das der Strings gelöst werden soll und diese Strings so bereitwillig verschwanden, so daß sie heute nicht mehr nachweisbar sind, ist wohl ein bißchen zu schön, um wahr zu sein. Das hat etwas von der Glätte der Fernsehwerbung. Ein paar führende Kosmologen nennen die Strings (zumindest in privaten Gesprächen) «snake oil» (Schlangenöl). Dabei beziehen sie sich auf den Quacksalber früherer Zeiten, der den Leuten ein Elixier aufschwatzte, «das gegen jedes Leiden hilft». Bei zwanglosen abendlichen Diskussionen habe ich in diesem Zusammenhang auch schon gehört, wie der Zauberstab der guten Fee erwähnt wurde. Skepsis ist natürlich angebracht, und diejenigen, die solche Kommentare abgeben, beurteilen ihre eigenen Theorien im allgemeinen genauso streng wie die Theorien anderer. Aber die Dinge stehen nicht so schlecht, wie die Zweifler sie erscheinen lassen, denn es ist möglich, nach Indizien zu suchen, die, unabhängig von der Theorie, auf die Existenz von Strings im heutigen Universum hindeuten.

Es gibt zwei Methoden, ein solches Indiz zu finden. Die erste, beruhend auf der sogenannten Gravitationslinse, befaßt sich mit möglichen Auswirkungen kosmischer Strings auf das Licht, das von fernen Galaxien zu uns gelangt. Beim anderen, etwas indirekteren Verfahren geht es um die Suche nach Gravitationswellen, die die Strings im frühen Stadium des Universums ausgesendet haben.

In Abbildung 36 ist eine Gravitationslinse dargestellt. Das Licht eines fernen leuchtenden Objekts muß auf seinem Weg zur Erde einen sehr massiven Körper passieren – etwa eine Galaxie oder einen kosmischen String.

Der allgemeinen Relativitätstheorie zufolge wird, wie erwähnt, das Licht eines fernen Sterns, wenn es an der Sonne oder einem anderen massiven Körper vorbeikommt, zu diesem hin abgelenkt. Die Abbildung zeigt eine Situation, in der der zwischen Lichtquelle

Die Gravitationslinse 209

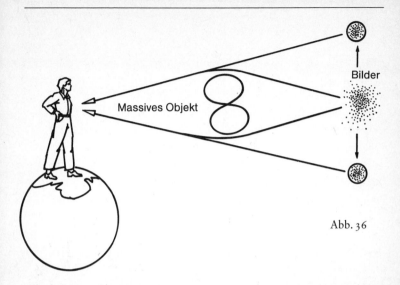

Abb. 36

und Erde liegende Körper die Lichtstrahlen auf die dargestellte Art beugt. Deshalb sieht ein Beobachter auf der Erde zwei Bilder des fernen Objekts: das eine wird von dem Licht erzeugt, das «über» den intervenierenden Körper hinweggeht, das andere von dem Licht, das auf seinem Weg «unterhalb» des Objekts von diesem abgelehnt wird.

Die erste Gravitationslinse (bei der eine schwach leuchtende, sonst aber normale Galaxie die zur Beugung des Lichts benötigte Masse liefert) wurde 1978 entdeckt. Heute ist ungefähr ein halbes Dutzend Gravitationslinsen bekannt. In allen Fällen besteht der intervenierende Körper aus leuchtender Materie und kann identifiziert werden, doch kann der Linseneffekt auch durch einen Körper erzeugt werden, den wir nicht identifizieren können – ein massiver (und unsichtbarer) String riefe das gleiche Doppelbild am Himmel hervor. Aus diesem Grund wäre eine Linse ohne einen identifizierbaren intervenierenden Körper möglicherweise ein Indiz für einen kosmischen String. Ein langer String könnte eine ganze Reihe von Doppelbildern erzeugen, was ein deutliches Zeichen wäre.

Im Frühjahr 1986 herrschte für kurze Zeit große Aufregung, als Astronomen von der Princeton University berichteten, sie hätten das Doppelbild eines Quasars im Sternbild Löwe entdeckt. Anschließende Untersuchungen ergaben jedoch, daß es sich um zwei verschiedene Quasare handelt. Momentan gibt es daher kein Beobachtungsindiz für eine durch Strings verursachte Gravitationslinse, doch wird die Suche fortgesetzt. Es ist noch viel zu früh, um darüber zu spekulieren, was sie ergeben könnte.

Im zweiten Bereich, in dem ein Hinweis auf kosmische Strings auftauchen könnte, spielen Pulsare eine wichtige Rolle. Pulsare gehen aus dem Kollaps eines alternden, massereichen Sterns hervor. Sie sind rasch rotierende Objekte und haben einen Durchmesser von nur wenigen Kilometern. Von heißen Punkten auf der Oberfläche des Pulsars wird Radiostrahlung emittiert, die von der Rotation ähnlich den Lichtsignalen eines Leuchtturms zur Erde gesandt wird. Jedesmal, wenn der Strahl bei uns eintrifft, registrieren wir einen regelmäßig wiederkehrenden Radiowellenpuls. Die Pulsrate liegt hoch – irgendwo zwischen einigen wenigen und mehreren hundert pro Sekunde. Somit kann man Pulsare als sehr genau gehende, gleichmäßig tickende «Uhren» am Himmel betrachten.

Wenn die Strings in den frühen Phasen des Urknalls sehr viel Gravitationsstrahlung emittiert haben, muß der größte Teil dieser Strahlung noch heute vorhanden sein. Deshalb könnten sich Pulsare in einem Meer von Gravitationsstrahlung befinden, wo sie ständig von Wellen gerüttelt und gestoßen würden. Dies wiederum hätte eine geringe Unregelmäßigkeit in den von der Erde aus wahrgenommenen Perioden der Pulse zur Folge. Berechnungen, die vor kurzem durchgeführt wurden, lassen darauf schließen, daß es uns möglich sein wird, Gravitationswellen nachzuweisen, wenn wir die Periode schneller Pulsare etwa um das Zehnfache präziser bestimmen können als heute. Fachleute glauben, daß wir innerhalb der nächsten paar Jahre eine solche Verbesserung der Meßgenauigkeit erreichen können.

Kosmische Strings sind nicht das «snake oil», das sie auf den ersten Blick zu sein scheinen. Wenn wir allerdings nach gründlichen Forschungen von der Art der oben ausgeführten Methoden noch immer kein eindeutiges Indiz für die Existenz eines String gefunden haben sollten, müssen wir diese Feststellung neu überdenken. Im Augenblick jedenfalls scheinen kosmische Strings in den Augen vieler Wissenschaftler die aussichtsreichste Möglichkeit zu bieten, das Problem der großräumigen Struktur des Universums zu lösen.

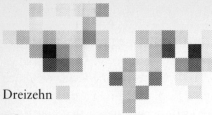

Dreizehn

Die experimentelle Suche nach Dunkler Materie

> Süß ist vernomm'ne Weise,
> süßer doch ist unvernomm'ne...
>
> JOHN KEATS
> «Ode an eine griechische Urne»

Die Frage nach der Beschaffenheit Dunkler Materie wird offenbar nicht eher *ad acta* gelegt, bis irgendein Forscher in seinem Labor ein Stück davon in den Händen hält. Es ist eine schöne Sache, Theorien aufzustellen und zu zeigen, daß Dunkle Materie sich auf diese oder jene Weise verhalten muß, doch werden die allermeisten (und ich zähle dazu) erst zufrieden sein, wenn wir etwas von dem Zeug isoliert haben und wirklich *sehen* können, ob es sich so verhält, wie wir es uns vorstellen. Auch für unsichtbare Dunkle Materie gilt der Grundsatz: Sehen und glauben ist eins.

Zwei verschiedene Wege bieten sich an, um einen experimentellen Nachweis für die Existenz jener Teilchen zu erbringen, von denen man annimmt, daß sie mehr als 90 Prozent der Masse des Universums ausmachen. Man kann versuchen, sie in Teilchenbeschleunigern zu erzeugen, oder Instrumente bauen, die die Teilchen aufspüren, wenn sie die Erde passieren. Beide Methoden werden zur Zeit energisch vorangetrieben. Nachfolgend möchte ich ein paar typische Experimente beschreiben, die entweder bereits ausgeführt wurden oder für die neunziger Jahre geplant sind.

Ein Angriff von zwei Seiten ist nichts Neues in der Geschichte der zeitgenössischen Teilchenphysik. Viele der Elementarteilchen, deren Existenz wir heute als selbstverständlich betrachten, drangen erstmals durch Reaktionen in unser Bewußtsein, die von kosmischen Strahlen ausgelöst wurden – Teilchenschauer, die von Supernovae in der Milchstraße auf die Erde niedergingen. Gleichzeitig waren viele der wichtigsten Entdeckungen (geplante oder zufällige) Ergebnisse von Experimenten in großen Teilchenbeschleunigern.

Experimente in Teilchenbeschleunigern

In einem Teilchenstrahl wird zunächst eine Menge von Teilchen erzeugt – entweder Protonen oder Elektronen. Diese werden dann zu einem Strahl gebündelt und auf annähernde Lichtgeschwindigkeit beschleunigt. Dann wird der Strahl aus den mit Energie vollgepumpten Teilchen auf ein Zielobjekt, das sogenannte Target, gerichtet – als Target ist fast jede Ansammlung von Atomen geeignet. In einigen der Kollisionen wird ein Teil der Energie des Strahls in die Masse neuer Teilchen umgewandelt ($E = mc^2$). Wie gering auch immer die Wahrscheinlichkeit ist, daß in einer solchen Reaktion ein bestimmtes Teilchen erzeugt wird – wenn der Strahl nur genügend Energie hat und wir lange genug warten, wird sich das Ereignis, das wir erwarten, früher oder später einstellen. Experimentalphysiker setzen heute ihre Hoffnung darauf, daß dies für die Suche nach Dunkler Materie genauso zutreffen wird, wie es in der Vergangenheit für das Forschen nach anderen Teilchen gegolten hat.

Bevor ich bestimmte Experimente beschreibe, will ich auf ein paar wichtige Dinge aufmerksam machen. Zunächst einmal: Die Energie, die ein Beschleuniger den Teilchen im Strahl geben kann, ist notwendigerweise begrenzt. Jede Maschine hat also eine Obergrenze für den Energiebetrag, der für die Umwandlung in Masse zur Verfügung steht. Das heißt: Die Tatsache, daß die Suche nach einem Teilchen zu keinem Ergebnis führt, kann niemals als endgültiger Beweis für die Nichtexistenz einer bestimmten Form Dunkler Materie angesehen werden, sondern lediglich als Hinweis darauf, daß die Masse des gesuchten Teilchens größer ist als die größte Masse, die die Energie dieser bestimmten Maschine erzeugen kann. Es ist immer möglich, daß die nächste Maschine mit noch höheren Energiewerten ein heute noch unsichtbares Teilchen im Überfluß hervorbringen wird.

Der zweite Punkt: Viele der erörterten exotischen Kandidaten für Dunkle Materie können nicht einzeln, sondern müssen immer paarweise erzeugt werden. Beispielsweise geht aus den Theorien hervor, daß wir in keiner durch den Zusammenstoß eines Elektrons oder Protons mit gewöhnlicher Materie ausgelösten Reaktion ein einzelnes Photino isolieren könnten – immer würde ein Photino*paar* erzeugt werden. Ebenso könnten wir kein einzelnes Selektron erzeugen, sondern immer nur ein Selektron und ein Antiselektron zugleich. Dies würde in jedem Beschleuniger zur Halbierung der zur Umwandlung in Masse verfügbaren Energie führen, da sie zwischen den beiden Partnern aufgeteilt werden müßte.

Am besten geeignet für die Suche nach neuen Teilchen ist der sogenannte Speicherring, in dem die beschleunigten Teilchen nicht auf ein ruhendes Target, sondern gegeneinander geschossen werden. In Abbildung 37 sehen Sie die Skizze eines typischen Geräts

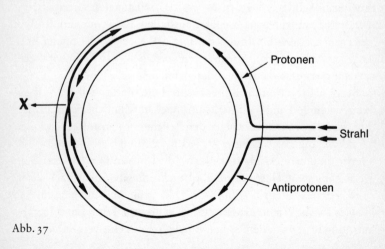

Abb. 37

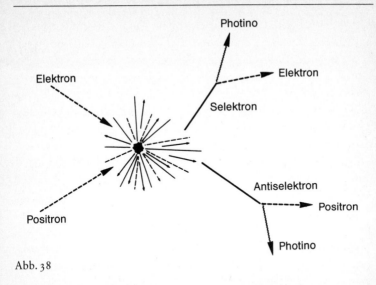

Abb. 38

dieser Art. Ein Beschleuniger erzeugt Teilchenstrahlen, die in große Ringe eingeschossen werden, wo starke Magnete die Teilchen auf einer kreisförmigen Bahn halten. Teilchen mit positiver elektrischer Ladung (zum Beispiel Protonen) kreisen in einer Richtung durch den Ring, während negativ geladene Teilchen (zum Beispiel Antiprotonen) sich in die andere Richtung bewegen. Der Ring ist so konstruiert, daß die beiden Strahlen an bestimmten Stellen (wie an der mit einem X gekennzeichneten) frontal zusammenstoßen. Bei solchen Kollisionen steht die gesamte Bewegungsenergie der Geschosse für die Umwandlung in Masse zur Verfügung – ein effizienteres Verfahren ist nicht denkbar. Die wichtigsten Nachforschungen über Dunkle Materie sind mit Maschinen dieses Typs betrieben worden.

Eines dieser Projekte wurde mit mehreren Maschinen durchgeführt, die Hochenergiestrahlen von Elektronen und Positronen er-

216 Die experimentelle Suche nach Dunkler Materie

zeugen.* Der Grundgedanke ist, beim Zusammentreffen dieser Teilchen Reaktionen von der Art hervorzurufen, wie sie in Abbildung 38 gezeigt wird. Ein vom Beschleuniger erzeugtes Elektron stößt mit einem Positron zusammen. Dabei könnten sie (zum Beispiel) ein Selektron und ein Antiselektron hervorbringen, ihre Pendants in der supersymmetrischen Welt. Im elften Kapitel erfuhren wir, daß supersymmetrische Teilchen so lange Energie abgeben, bis sie zum leichtestmöglichen Teilchen geworden sind. In diesem Fall hätte das schließlich die Verwandlung von Selektron und Antiselektron in Photinos und gewöhnliche Teilchen zur Folge, wie in der Abbildung dargestellt.

Wir wissen: Es ist unmöglich, die Photinos direkt zu registrieren, weil ihre Wechselwirkung mit gewöhnlicher Materie zu schwach ist. Allerdings könnten wir das Elektron und das Positron nachweisen, die sich aus dem Zerfall des Selektrons und Antiselektrons ergäben. Das dabei erzeugte Elektron-Positron-Paar hat Merkmale, die zwar in einem Prozeß wie dem hier dargestellten entstehen können, nicht aber bei Paaren, die aus einer Reaktion mit gewöhnlicher Materie hervorgehen. Deshalb kann man auf die Erzeugung des Photinos schließen, selbst wenn es nicht direkt nachgewiesen werden kann.

Nach solchen Reaktionen ist in Forschungsinstituten der Cornell University, der Stanford University und am Hamburger DESY (Deutsches Elektronen-Synchrotron) gesucht worden. Bis heute liegt kein Indiz für eine Reaktion vor, in der ein Photino entstand. Daraus kann man schließen, daß das Photino – falls es existiert – mindestens dreiundzwanzigmal schwerer sein muß als ein Proton. Wenn also auch das gesuchte Teilchen noch nicht gefunden ist, so kann man doch das daraus ableitbare Ergebnis dazu benutzen, den

---

* Das Positron ist das Antiteilchen des Elektrons. Beide haben die gleiche Masse, aber entgegengesetzte elektrische Ladung. Stoßen sie zusammen, wird ihre gesamte Masse in Energie umgewandelt, und beide Teilchen vernichten sich selbst.

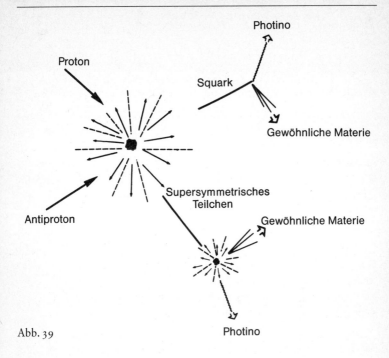

Abb. 39

am Ende womöglich sich abzeichnenden Eigenschaften des Teilchens bereits jetzt Grenzen zu stecken.

Maschinen wie der große Ringbeschleuniger des Europäischen Kernforschungszentrums (CERN) in Genf, der Proton- und Antiprotonstrahlen erzeugt und aufeinanderprallen läßt, sind auf ähnliche Weise für die Suche nach supersymmetrischen Teilchen geeignet. In dieser Anlage könnten durch Frontalzusammenstöße zwischen einem Proton und dessen Antiteilchen im Prinzip Reaktionen zustande kommen, wie sie in Abbildung 39 dargestellt sind.

Wie bei den Experimenten mit Elektronenbeschleunigern, könnte auch ein bei dieser Reaktion erzeugtes Photino nicht direkt nachgewiesen werden. Man könnte jedoch die fehlende Energie messen, die diese beiden Teilchen zwangsläufig mitnehmen wür-

218 Die experimentelle Suche nach Dunkler Materie

den. Einen ungefähren Begriff von diesem Prozeß bekommt man, wenn man sich vorstellt, auf dem Squark durch die obere Abzweigung der in Abbildung 39 dargestellten Reaktion zu reiten. Wenn das Squark in ein Photino und einen Sprühregen normaler Materie zerfällt, liegt eine Situation vor, wie sie in Abbildung 40 (links) gezeigt wird. Die gewöhnliche Materie entweicht in einem «Jet» in die eine Richtung und hält dabei dem Photino, das sich in die andere Richtung fortbewegt, das Gleichgewicht.

Wäre das Squark, wie in der Abbildung, rundum von einem Meßgerät umgeben, könnte man zwar den Jet normaler Teilchen sichten, nicht aber das Photino. Wir hätten also eine ungleichgewichtige Situation vor Augen; wir sähen Teilchen, die sich nach rechts fortbewegen, ohne die mit gleichem Impuls entgegenwirkenden Teilchen wahrzunehmen, die sich nach links fortbewegen. Wenn Sie sich jetzt das kreisförmige Meßgerät flach ausgerollt vorstellen, erhalten Sie die in Abbildung 40 (rechts) dargestellte Version des Ergebnisses – einen einzelnen, dem Jet entsprechenden Spitzenwert vor niedrigen Hintergrundwerten.

Nobelpreisträger Carlo Rubbia, der im UA1-Bereich * des Europäischen Kernforschungszentrum (CERN) in Genf arbeitet, hat mehrere Fälle dieser Art zu Gesicht bekommen. Die Graphik, die die Detektormessung darstellt (Abbildung 40, rechts), ist aus seinem Material übernommen. Seit dem Frühjahr 1988 interpretieren Physiker diese Ergebnisse allerdings nicht mehr als Indiz für supersymmetrische Teilchen. Es könnten nämlich auch Anzeichen von Wechselwirkungen sein, die lediglich mit normaler Materie zu tun haben. Das unentdeckte Teilchen könnte beispielsweise ein Neutrino sein oder irgend etwas anderes, das sich nicht ohne weiteres mit einem Detektor registrieren läßt. Die eigentliche Frage ist, ob die im CERN beobachteten Fälle häufiger vorkommen, als man das aufgrund der Hypothese erwarten dürfte, nach der diese Reaktionen nur durch die Wechselwirkungen gewöhnlicher Materie verursacht werden.

---

* UA1 bedeutet «Underground Area» (unterirdischer Forschungsbereich).

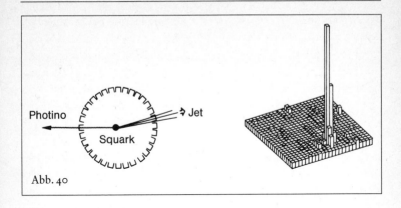

Abb. 40

Und dies scheint nicht der Fall zu sein. Dennoch zeigen die CERN-Forschungen einen Weg, wie man den dunklen Stoff aufspüren könnte, aus dem der größte Teil des Universums besteht.

«Kosmische Strahlen» als Dunkle Materie

Blas Cabrera von der Stanford University und seine Mitarbeiter testen gerade einen neuen Detektortyp, der möglicherweise einen Weg zum direkten Nachweis Dunkler Materie eröffnet, ohne daß sie in einem Beschleuniger erzeugt werden müßte. Um die Implikationen dieses Unternehmens verstehen zu können, muß man zwei Tatsachen kennen. Die eine hat mit der Struktur des Universums, die andere mit moderner Spitzentechnologie zu tun.

Das erste Faktum besteht darin, daß – wie wir bereits in Kapitel 6 erfuhren – die leuchtende Materie in der Milchstraße von einer Sphäre Dunkler Materie umgeben ist. Das Rotationstempo der Dunklen Materie stimmt nicht mit dem unserer Galaxis überein, so daß man sich vorstellen kann, die Erde bewege sich durch einen «Wind» Dunkler Materie, vergleichbar der Luftbewegung, die Sie, im Cabriolet sitzend, spüren. Stünde uns ein ausreichend empfindliches Instrument zur Verfügung, müßten wir diesen Wind der Dunklen Materie messen können. Zumindest ist dies die Hoffnung der Forscher, die an diesem Projekt arbeiten.

Das zweite Faktum ist, daß wir dank der Fortschritte der Mikroelektronik in den vergangenen Jahrzehnten in der Lage sind, große Kristalle aus außerordentlich reinem Silizium herzustellen. Der kleine Chip, der Ihren PC oder Taschenrechner funktionieren läßt, stammt wahrscheinlich aus einem einzelnen, industriell gefertigten zylindrischen Siliziumkristall von etwa fünfzehn Zentimetern Durchmesser und einem guten Meter Länge. Daß wir heute über solch große Kristalle ohne Fehler verfügen, nährt eine weitere Hoffnung der Experimentatoren, Dunkle Materie zu entdecken.

Ein Siliziumdetektor ist im Prinzip recht einfach. Stellen Sie sich vor, die Atome innerhalb des Kristalls würden von einer komplexen, exakt ineinandergreifenden Anordnung aus Federn zusammengehalten. Stieße ein Atom im Inneren des Kristalls mit einem Teilchen aus dem Wind der Dunklen Materie zusammen, würden sich einige der Federn in der Umgebung dieses Atoms ausdehnen. Nach der Kollision wird das getroffene Atom vibrieren, und diese Schwingung wird über das Federsystem von einem Atom zum anderen übertragen, bis sie schließlich an die Oberflächen des Kristalls gelangt. Hätten wir dort ausreichend empfindliche Meßgeräte installiert, müßten wir das Auftreten dieses Stoßes im Innern registrieren können; und indem wir messen, wann die Schwingung die verschiedenen Oberflächen erreicht, können wir den Punkt lokalisieren, wo diese Wechselwirkung stattfand.

Die Beschreibung dieses Verfahrens bereitet keinerlei Schwierigkeiten; es in eine Versuchsanordnung im Labor umzusetzen, ist eine ganz andere Sache. Jede Unreinheit im Siliziumkristall verändert die Anordnung der «Federn» und «verschmiert» dadurch das Signal auf seinem Weg zur Oberfläche. Da es erst seit kurzem möglich ist, vollkommen reine Kristalle von ausreichender Größe herzustellen, befindet sich das Meßgerät noch im Stadium der Entwicklung.

Cabrera und sein Team planen, eine Reihe von ein Kilogramm schweren Siliziumblöcken mit einem Netz von Detektoren zu über-

«Kosmische Strahlen» als Dunkle Materie   221

ziehen und dann das gesamte System auf ein paar Grad über dem absoluten Nullpunkt abzukühlen. Die Abkühlung vermindert nicht nur die thermischen Bewegungen innerhalb des Siliziums und läßt die Signale an der Oberfläche deutlicher werden, sondern gestattet den Experimentatoren obendrein, äußerst empfindliche supraleitende Detektoren zur Messung des Signals zu benutzen. Sie wollen tausend dieser Würfel aufstapeln und beobachten, was passiert. Diese Übung in fortgeschrittener Technologie ist gar keine so gewaltige Angelegenheit – eine Tonne mit Instrumenten bepackten Siliziums paßt leicht unter einen normalen Küchentisch.

Das Experiment hat ein paar interessante Aspekte. Die durch die Stöße im Silizium ausgelösten Schwingungen sind Schallwellen. Man mißt sie also auf einer hörbaren Frequenz – als wolle man einen Tennisball finden, indem man darauf horcht, wann er gegen eine Wand prallt. Man könnte daher sagen, Cabrera plane, Dunkle Materie durch *Lauschen* zu entdecken.

Da man davon ausgeht, daß Wechselwirkungen mit Dunkler Materie sehr selten vorkommen, kann man nicht einfach das Meßgerät einschalten und auf eine Wechselwirkung warten. Selbst wenn das System gut abgeschirmt ist, werden andere Teilchen Signale erzeugen. So ist geplant, daß der Detektor zunächst solare Neutrinos nachweisen soll (vgl. S. 191). Um Dunkle Materie ausfindig zu machen, haben sich die Experimentatoren etwas einfallen lassen.

Wir wissen, daß die Erde zur Umrundung der Sonne ein Jahr benötigt. Das heißt, ein halbes Jahr lang muß sie gegen den Wind der Dunklen Materie ansteuern, während sie ihn die andere Hälfte des Jahres sozusagen im Rücken hat. Folglich wird in dem einen Halbjahr mehr Dunkle Materie durch das Gerät fließen als im anderen. Vor allem auf diese Schwankungen im Halbjahresrhythmus setzen die Experimentatoren ihre Hoffnung.

Cabreras Plan, den Wind der Dunklen Materie aufzuspüren, erinnert auf frappierende Weise an ein Unternehmen, das in die Geschichte der Physik eingegangen ist. Vor hundert Jahren machten sich zwei andere amerikanische Physiker auf die Suche nach einem «Wind». In Cleveland führten Albert Michelson und Edward Morley ein Experiment durch, dessen Konzept dem des gerade beschriebenen Detektor-Projekts Cabreras ähnelte. Damals glaubten die Wissenschaftler, das Weltall sei von einem Stoff namens «Äther», einer Art Grundsubstanz des gesamten Universums, durchdrungen. Man nahm an, daß die Bewegung der Erde durch den Äther einen «Ätherwind» hervorriefe und daß dieser Wind halbjährlich seine Richtung ändere aufgrund von Mechanismen, die den im Hinblick auf den Wind der Dunklen Materie beschriebenen ähneln. Indem Michelson und Morley nachwiesen, daß ein solcher Ätherwind nicht existiert, beseitigten sie eines der größten Hindernisse auf dem Weg zur Relativitätstheorie.

Vierzehn

Das Schicksal des Universums

Dies Morgen, Morgen, Morgen abermals…

WILLIAM SHAKESPEARE
«Macbeth»

Resümee

Das Erstaunlichste an der modernen Kosmologie ist die Tatsache, daß die losen Enden sich zu verbinden beginnen. Früher konnte man einen völlig verrückten Gedanken über das Universum vorbringen und brauchte angesichts der weitverbreiteten Ignoranz auf diesem Gebiet doch nicht zu befürchten, daß diese Idee mit harten Fakten kollidiert, auf die ein informiertes Publikum hinweist. Wie auf alten Landkarten waren viele Orte im Kosmos mit dem Vermerk «Hier leben Ungeheuer» versehen. Dies trifft auf die heutigen Verhältnisse nicht mehr zu. Zum Beispiel können wir nicht mehr leichtfertig beliebige Annahmen über die Beschaffenheit der Dunklen Materie verbreiten. Wir wissen genug über die Bildung von Atomkernen drei Minuten nach dem Urknall, um die Menge solcher Materie, die in Form von Baryonen vorliegt, genau einzugrenzen. Wir wissen so viel über die großräumigen Strukturen, daß es heute nicht mehr ausreicht vorzuführen, wie eine bestimmte Annahme über Dunkle Materie das Galaxienproblem lösen werde; es ist zusätzlich gefordert, daß eine solche Annahme auch die Leerräume erklärt. Wir haben den Punkt erreicht, wo sich Entstehung, Evolution und augenblickliche Struktur des Universums nahtlos zu einem einzigen Problemfeld zusammenzufügen scheinen. Es ist nicht mehr möglich, sich nur mit einem Stück des Puzzles zu beschäftigen – wir müssen das Ganze im Blick haben. Die Theoretiker werden darauf zu achten haben, daß sie mit ihren Vorschlägen zur Lösung des Strukturproblems nicht die Übereinstimmung zwischen Theorie und Beobachtung ins Wanken bringen, die sich für die frühen Stadien des Urknalls ergeben hat. Sie können nicht einfach Modelle von Galaxien entwickeln, in denen die Leerräume eliminiert sind.

Auf einer internationalen Konferenz war ich kürzlich Zeuge eines Vorfalls, der dieses Problem verdeutlicht. Nach einem Vortrag erhob sich ein berühmter Kosmologe und schlug einen Mechanismus vor, der es einerseits zuließe, daß die gesamte Dunkle Materie in Form von Baryonen existierte, und der andererseits weiterhin etwa für die Heliumhäufigkeit sorgen würde, wie wir sie in den Sternen beobachten (den Zusammenhang zwischen diesen beiden Faktoren habe ich im neunten Kapitel angesprochen). Kaum hatte er sich wieder gesetzt, als ein junger Theoretiker in der letzten Reihe aufstand und ausführte, daß bei der Übernahme dieses Modells sich die Heliumwerte zwar als korrekt erwiesen, die Lithiumhäufigkeit dagegen nicht stimmen würde. Der prominente Wissenschaftler nahm daraufhin seinen Vorschlag zurück.

Das Bemerkenswerte an dieser Geschichte ist, daß eine solche Argumentation vor zehn Jahren noch nicht möglich gewesen wäre. Damals fehlten uns fundierte Daten über Phänomene wie die Lithiumhäufigkeit im Universum, unsere Berechnungen waren noch nicht so weit vorangeschritten, daß wir eindeutige Voraussagen hätten treffen können, wie groß die Lithiumhäufigkeit sein müßte. Folglich konnte jeder seiner Phantasie freien Lauf lassen, und niemand war in der Lage, ihr Grenzen zu setzen.

Inzwischen wissen wir allmählich genug über das Universum, um unsere Optionen erheblich einzuschränken. Von all den Modellen, die wir in Gedanken konstruieren können, überstehen immer weniger den zweifachen Test von Beobachtung und Berechnung. Die Zeit wird kommen, in der die große kosmologische Frage «Wie wurde das Universum zu dem, was es jetzt ist?» durch solides Wissen von allen Seiten derart eingegrenzt sein wird, daß wir in Schwierigkeiten geraten könnten, *überhaupt* eine Lösung zu finden, die nicht irgendwo Diskrepanzen verursacht. Ich wäre ganz und gar nicht überrascht, wenn die Schwierigkeiten der Theoretiker, die Frage der Evolution und Struktur des Universums zu klären, eine neue weltanschauliche Bewegung hervorriefen. Deren Vertreter würden dann behaupten, der rationale, reduktionistische Ansatz der westlichen Wissenschaft sei in eine Sackgasse geraten und man müsse es mit irgendeiner neuen (vorzugsweise mystischen) Verfahrensweise probieren. Dies geschah in den siebziger Jahren, als die Teilchenphysik einen toten Punkt erreichte, und genauso könnte es der Kosmologie ergehen. Aber so wie die vereinigten Feldtheorien die Blockierung der Teilchenphysik in den siebziger Jahren wieder aufhoben, erwarte ich von den bewährten Methoden theoretischer Wissenschaft, daß sie dieser Art von Problemen entgegentreten kann, wenn sie in der Kosmologie auftauchen sollte.

Denn je näher man die gerade entstehende neue Karte des Universums betrachtet, um so deutlicher erkennt man, daß dieses Universum eine einzigartige, wunderbare Maschine darstellt; alle Getriebe und Motoren greifen aufs schönste ineinander und ergeben ein kohärentes Ganzes. Alles paßt zusammen, und das Erkennen dieser Tatsache ist womöglich die wichtigste Einsicht, die aus der neuen Kosmologie erwächst.

Ein paar ausgefallene Ideen

Nachdem ich ausgeführt habe, daß es eine ganze Reihe neuer strenger Einschränkungen für unsere Modelle vom Universum gibt, füge ich eilends hinzu, daß der Phantasie dennoch ein beträchtlicher Freiraum bleibt. Lassen Sie mich ein paar Forschungsrichtungen erläutern, die sich bisher nicht als falsch erwiesen haben.

Die in Kapitel 12 erörterten kosmischen Strings entstanden aus dem Prozeß, in dem sich die starke Kraft von den anderen Kräften trennte, als das Universum 10^{-35} Sekunden alt war. Sie ergeben sich, anders ausgedrückt, aus den Großen Einheitlichen Theorien. Erst kürzlich haben Ed Witten und Jerome Ostriker aus Princeton darauf hingewiesen, daß kosmische Strings sich auch aus Supersymmetrie-Theorien ergeben können, in denen die Schwerkraft vollständig mit den anderen Kräften vereint ist. In manchen Fällen haben diese supersymmetrischen Strings – gelinde gesagt – recht ungewöhnliche Eigenschaften.

Am außergewöhnlichsten ist folgende: Wenn ein normales Teilchen sich einem String nähert, kann es geschehen, daß es hineinfällt und dabei seine Energie abgibt. Befindet sich das Teilchen erst einmal im String, sitzt es in der Falle und bleibt darin, bis aus irgendeiner äußeren Quelle genügend Energie hinzugefügt wird, um es zu befreien. Diese gefangenen Teilchen können sich bewegen, und wenn sie Objekte wie gewöhnliche Elektronen sind, stellt diese Bewegung einen elektrischen Strom dar. Berechnungen deuten darauf hin, daß diese in der Falle sitzenden Teilchen enorme Stromstärken ohne Verlust erzeugen können – einige Quadrillionen (eine 1 mit 24 Nullen) mal so stark wie der Strom in der größten Stromleitung.

Wenn es im frühen Universum ein Magnetfeld gab, hätte die Bewegung der kosmischen Strings durch das Magnetfeld diese Stromstärken auf ein Niveau hochgetrieben, wo die Strings explodiert wären, wobei sie all die in ihnen gefangenen Teilchen in einem ungeheuren Ausstoß freigegeben hätten. Solche Explosionen supersymmetrischer Strings in frühen Phasen des Universums könnten die Leerräume geschaffen haben.

Diese raffinierte Hypothese leidet an den Fehlern aller Explosionstheorien (siehe Kapitel 6), läßt aber darüber hinaus die wohl interessanteste aller Fragen unbeantwortet, die sich aus ihr ergeben: Woher stammt das magnetische Urfeld, das den Strom erzeugte? Bis zur Klärung dieser Frage wird diese Version kosmischer Strings kaum etwas anderes als eine interessante Idee sein.

Neil Turok und David Schramm von der University of Chicago und vom Fermi National Accelerator Laboratory vertreten eine andere, recht erfolgversprechende These. Angesichts der Erkenntnis, daß man bei jeder Art Dunkler Materie, für sich genommen, auf Probleme stößt, wenn man mit ihr all die anderen im Universum herrschenden Bedingungen erklären soll, die uns inzwischen bekannt sind, vertreten Turoks und Schramms Theorien den «Sowohl-Als-auch»-Standpunkt. In Kapitel 10 erfuhren wir beispielsweise, daß heiße Dunkle Materie in Form massiver Neutrinos nicht die Bildung der Galaxien erklären kann. Was aber wäre, wenn es zwei Arten Dunkler Materie im Universum gäbe, nämlich Neutrinos *und* kosmische Strings? Die Strings erklären sehr wohl die Galaxienbildung, während die Neutrinos eine Erklärung für große Strukturen anbieten. Warum also sollte man sie nicht miteinander verbinden und ausprobieren, ob nicht die Stärken des einen die Schwächen des anderen ausgleichen?

Noch ist es zu früh, um sagen zu können, ob dieser Vorschlag funktionieren wird, aber es gibt gute Gründe, daran zu glauben. Falls diese Vermutung sich als zutreffend erweisen sollte, wären die in Kapitel 11 vorgestellten exotischen Kandidaten für Dunkle Materie überflüssig. Es wäre erfreulich, wenn wir eine Erklärung fänden, die nicht über den Rahmen der uns seit langem vertrauten Teilchen hinausgeht.

Wie würde sie wohl schmecken?

Für mich besteht eines der größten Vergnügen beim Unterrichten von Studenten in frühen Semestern darin, daß mir ab und zu eine Frage gestellt wird, die mich überrascht, da sie Perspektiven eröffnet, auf die ich nie selbst gekommen wäre. Im vergangenen Jahr machte ich ein Experiment. Ich hatte es satt, die ewig gleichen Vorlesungen in meinem Physik-Einführungsseminar zu halten, und forderte die Studenten auf, fünf Artikel eigener Wahl in naturwissen-

228   Das Schicksal des Universums

schaftlichen Zeitschriften zu lesen und darüber zu berichten. Ich wollte sie daran gewöhnen, sich auf eigene Faust wissenschaftliche Informationen zu beschaffen.

Einer der Studenten las einen ausgezeichneten Artikel über Dunkle Materie, den Lawrence Krauss im *Scientific American* veröffentlicht hatte. Nachdem er sein Referat gehalten hatte, fügte er einen Kommentar hinzu, der etwa auf folgendes hinauslief: «Das ist ja alles gut und schön, aber was die Dunkle Materie für das Universum tut, beeinflußt mein Leben nicht allzusehr. Ich hätte gern ein paar persönlichere Informationen: Wie schmeckt Dunkle Materie? Fühlt sie sich schleimig an? Könnte ich darin schwimmen?»

Diese Fragen stimmten mich nachdenklich. Wie die meisten Physiker betrachtete auch ich es als selbstverständlich, daß Dunkle Materie etwas mit Galaxien und Superhaufen zu tun habe, nicht aber mit unseren Alltagserfahrungen. Doch wenn sie wirklich existiert, sollte es möglich sein, genügend große Mengen davon anzuhäufen, um sie schmecken oder in sie hineinspringen zu können. Wie sähe wohl eine solche Erfahrung aus?

Um so eine Frage zu beantworten, muß man darüber nachdenken, was es eigentlich bedeutet, etwas zu schmecken oder mit der Hand zu fühlen. Das Schmecken hängt mit einer chemischen Reaktion zusammen, bei der sich Moleküle einer Substanz mit Molekülen in den Geschmacksknospen verbinden, wobei elektrische Signale erzeugt werden, die ins Gehirn gelangen. Beim Fühlen werden spezielle Rezeptoren auf der Haut durch Druck stimuliert. Wenn wir also Dunkle Materie schmecken wollen, muß sie Atome und Moleküle bilden können. Und wenn wir sie fühlen wollen, muß sie kompakt genug sein, um einen Druck ausüben zu können.

Was den Geschmackssinn betrifft, können wir anhand dieser Vorgaben Kandidaten für Dunkle Materie wie Neutrinos und Axionen sofort ausschließen. Sie bilden keine Atome, und ihre Wechselwirkungen mit gewöhnlicher Materie sind derart spärlich, daß unsere Geschmacksnerven sie nicht spüren. Wenn man so will, haben wir unser ganzes Leben lang Neutrinos «geschmeckt», da pro Sekunde mehrere Millionen von ihnen durch unseren Mund eilen – nur lösen sie dabei keinerlei chemische Reaktion aus. Das gleiche träfe auf Axionen zu (falls sie existieren). Auch sind wir unser Leben lang in Neutrinos «geschwommen», ohne es zu spüren, da sie keinen Druck ausüben können.

Und auch die hypothetische Schattenmaterie könnte man aus dem einfachen Grund nicht schmecken, weil sie mit gewöhnlicher Materie nicht in chemische Wechselwirkung träte. Man könnte denken, Schattenmaterie müsse fühlbar sein, da sie sich zu festen Körpern und Flüssigkeiten zusammenballen kann, aber dies trifft nicht zu. Schattenmaterie tritt ausschließlich durch die Schwerkraft mit uns in Wechselwirkung. Wenn Ihnen also jemand einen Klumpen Schattenmaterie in die Hand legte, würde er durch sie hindurchfallen, ohne die geringste Reaktion im Gewebe hervorzurufen. Dafür gibt es folgende Erklärung: Wenn Sie etwas in der Hand halten, überwinden die elektrischen Kräfte zwischen den Atomen Ihrer Hand und den Atomen des Objekts die Schwerkraft und bewahren es so davor, hinunterzufallen. Diese Kraft kann zwischen der Schattenmaterie und Ihrer Hand nicht existieren, und somit gibt es nichts, was die Schattenmaterie dort halten könnte.

Vermutlich geschähe das gleiche – wenn auch aus anderen Gründen –, wenn Sie versuchten, ein Stück eines kosmischen String zu ergreifen. Man könnte annehmen, ein String sei derart massiv, daß so eine Schleife, wenn sie sie auf die Hand legten, sofort durch diese hindurchfiele und, wie eine kosmische Ausstechbackform, ein Loch zurückließe. Aber in Wirklichkeit gelänge es selbst der großen Masse des String nicht, die der Schwerkraft innewohnende Schwäche zu überwinden. Während der String durch Ihre Hand fiele, wäre die Kraft, die er auf ein durchschnittliches Atom ausübte, weit geringer als die normalen elektrischen Kräfte, die von den benachbarten Atomen ausgehen. Der String fiele zwar durch Ihre Hand hindurch, doch seine Auswirkungen auf die ihm begegnenden Atome wären zu geringfügig, um sie aus dem Verbund herauszulösen. Sie würden überhaupt nichts spüren.

230 | Das Schicksal des Universums

So bleibt also unsere Suche nach schmackhafter Dunkler Materie auf die supersymmetrischen Partner beschränkt. Das «geläufigste» Teilchen – das Photino nämlich – bildet keine Atome, obwohl es durchaus in der Lage sein könnte, einen Druck auszuüben, der etwas geringer wäre als der des gewöhnlichen Lichtes. Bei normalen Dichtewerten könnten weder Photonen noch Photinos so viel Druck ausüben, daß wir sie spüren könnten. Vermutlich trifft das gleiche auf die «Satome» zu, die vollständig aus supersymmetrischen Teilchen aufgebaut sind.

Sollte jedoch das Selektron stabil sein – eine Hypothese, die gegenwärtigen Überlegungen widerspricht –, ergäbe sich daraus eine interessante Möglichkeit. Ein stabiles Selektron mit negativer elektrischer Ladung könnte in einem gewöhnlichen Atom ein oder mehrere Elektronen ersetzen. Aufgrund seiner großen Masse unterschiede sich die Umlaufbahn des Selektrons von der des verdrängten Elektrons. Folglich würden alle anderen Elektronen aus ihrer gewohnten Bahn geworfen werden, wodurch sich alle chemischen Eigenschaften des Materials, in dem sich das Selektron aufhielte, veränderten. Solche «Superatome» würden deshalb völlig neue chemische Reaktionen auslösen. Lebensmittel mit «Superkohlenstoff» würden anders schmecken als alles, was wir je gegessen haben.

Die Zukunft des Weltalls

Wie wirkt sich Dunkle Materie auf die Zukunft des Universums aus? Zu dieser Frage läßt sich vieles sagen. Zunächst einmal wird sie, wie wir gleich sehen werden, für einen Beobachter auf der Erde fast überhaupt keine Auswirkung haben. Sollte es aber im Universum so viel Materie geben, daß es die kritische Dichte erreicht, wird das Vorhandensein Dunkler Materie die zukünftige Entwicklung langfristig sehr stark beeinflussen. Früher war es üblich, in Diskussionen um dieses Thema die Vorstellung zu erwägen, das Universum sei zyklisch – auf den Urknall folge der Große Kollaps und

Die Zukunft des Weltalls 231

darauf wiederum eine erneute Expansion. Wenn aber unsere gegenwärtigen Vorstellungen zutreffen, wird dies nicht geschehen. Das Universum hat einen einmaligen Auftritt – eine Explosion, gefolgt von einer Ausdehnung, die sich im Laufe einer unbegrenzten Zeitspanne stetig verlangsamt.

Wir können die weitere Entwicklung des Universums unter der Voraussetzung verfolgen, daß die heute beobachtbaren Naturgesetze auch für die Zukunft gelten werden. Aus der Sicht eines irdischen Beobachters gibt es kaum einen Unterschied zwischen der großräumigen Struktur des Universums und dem Nachthimmel, wie er sich über ihm erstreckt, da ferne Galaxien mit dem bloßen Auge nicht erkennbar sind. Die Sterne in der Milchstraße, zu denen auch die Sonne gehört, werden weiterbrennen, bis sie ihren Vorrat an Wasserstoff und Helium aufgebraucht haben. Der Brennstoff der Sonne reicht noch für ungefähr vier Milliarden Jahre. Dann wird sie zu einem Roten Riesen anschwellen, einem Stern, dessen Radius größer ist als die Bahn der Venus.* Für einen Beobachter auf der Erde – wenn es sie noch gäbe – würde es so aussehen, als nehme die Sonne ein Viertel des Himmels ein. Wenn es die Menschheit bis dahin nicht geschafft haben sollte, Kolonien auf anderen Planeten zu gründen, wird dies ihr Ende sein.

Nach dem Stadium des Roten Riesen stürzt die Sonne zu einem Weißen Zwerg zusammen. Das ist ein Stern ungefähr so groß wie die Erde, der langsam auskühlt, kosmische Schlacke, die ihre Feuerquelle verloren hat. Nach und nach werden die Sterne am Himmel verlöschen, entweder mit einer spektakulären Explosion oder – wie die Sonne – mit einem kläglichen Kollaps. Könnte es auf unserem Planeten noch einen Beobachter geben, wenn das Universum eine Quadrillion (eine 1 mit 24 Nullen) Jahre alt ist, das heißt tausendmal so alt wie heute, würde er einen dunklen Himmel über sich erblicken. Nahezu alle Sterne, die wir heute sehen können, leuchte-

---

* Was bedeutet, daß dieser Riesenstern die innersten Planeten Merkur und Venus «verschlingt». *Anm. d. Red.*

232 Das Schicksal des Universums

ten so schwach, daß sie unsichtbar wären, oder erschienen als kaum erkennbare glimmende Punkte in einem schwarzen Meer. Auch die Leuchtkraft ferner Galaxien, die ja nie eine wichtige Rolle im Schauspiel des Nachthimmels gespielt haben, würde abnehmen.

Die langsame Abkühlung der stellaren Schlacken würde recht lange dauern, und als einzige Abwechslung bliebe der Absturz von Sternen und Gas in das schwarze Loch, das wir im Mittelpunkt der Milchstraße vermuten. Hin und wieder fänden sich ein Teilchen und ein Antiteilchen und löschten sich gegenseitig aus, womit sie das Meer aus schwacher Strahlung, das sich mit dem Weltall ausdehnt, etwas anfüllten. Die Expansion des Universums ginge weiter, aber die Geschwindigkeit ließe mit der Zeit spürbar nach.

Es wird nur zwei bedeutende Ereignisse geben, die im Laufe der Äonen eine Veränderung anzeigen. Wenn das Universum etwa 10^{36} Jahre alt ist – lange nachdem die Sterne aufgehört haben zu scheinen –, werden die Protonen in der gewöhnlichen Materie zerfallen. Während die Atome aus den Fugen geraten, wird alles, was in Form stellarer Schlacken oder Felsbrocken übriggeblieben ist, in einer Strahlungswolke verpuffen. Wenn dann das Universum das Alter von 10^{65} Jahren erreicht, werden die schwarzen Löcher, die bis dahin Materie gesammelt haben, beginnen, ihre Masse in Form von normaler Energie abzustrahlen. Auch sie werden sterben. Nachdem dies geschehen ist, wird im Universum nichts aus gewöhnlicher Materie Bestehende übrigbleiben, außer einem kalten, weiterhin expandierenden Meer aus Strahlung, mit ein paar seltsamen Teilchen dazwischen, die irgendwie der Auslöschung entgangen und nunmehr allzu dünn verteilt sind, um auf irgendwelche ähnliche Teilchen treffen zu können.

Noch hat meines Wissens kein Physiker darüber nachgedacht, was im Laufe dieser Entwicklung mit der Dunklen Materie geschehen könnte. Sie wird vermutlich eine ähnliche Evolution durchlaufen. Vielleicht können wir die galaktischen Halos in Scheiben zusammenstürzen sehen, doch bestünden diese Scheiben dann aus Photinos und könnten keine «Supersterne» oder irgendeine andere

Struktur von Belang bilden. Schließlich müßten die Photinos in ihre eigenen Versionen schwarzer Löcher fallen, die sich dann selbst aus der Welt strahlen würden.

Egal, wie das Universum aufgebaut ist, sein Ende sähe also immer gleich aus: ein kaltes, sich ausdehnendes Meer aus Strahlung, in dem alles Leben längst erloschen ist.

Ausklang

Wissenschaftlern und Dichtern scheint es die Sprache zu verschlagen, wenn sie mit einem solchen Szenario konfrontiert werden. Der Nobelpreisträger Steven Weinberg, der sehr viel zu unserem Verständnis des Universums beigetragen hat, beendet sein wunderbares Buch «Die ersten drei Minuten» mit dem pessimistischen Kommentar: «Je begreiflicher uns das Universum wird, um so sinnloser erscheint es auch.» Vor fast hundert Jahren drückte der viktorianische Dichter Algernon Swinburne in dem Gedicht «Der Garten der Proserpina» eine ähnliche Vorstellung aus:

Nach übergroßer Lebensgier,
  Nach maßlos Fürchten, Hoffen, Sehnen
Wissen dem Gott wir Dank dafür
  – Wen immer wir im Himmel wähnen –,
Daß Leben nie kann ewig währen,
Daß Tote niemals wiederkehren,
Daß Flüsse müd' nach vielen Wehren
  Endlich doch ins Meer einströmen.

Und dabei machte ihm nur das zweite Gesetz der Thermodynamik zu schaffen, nicht die Hubble-Expansion!

Keine Frage – das Nachdenken über das Ende des Universums scheint bei Wissenschaftlern und Dichtern die pessimistischsten

Seiten hervorzukehren. Dies erinnert mich an eine Science-fiction-Geschichte, die in meinen Jugendjahren großen Eindruck auf mich machte. Es geht in ihr um eine Zeitreise. Wesen aus verschiedenen Zeitaltern treten miteinander in Kontakt, nur einer von ihnen bleibt stets im Hintergrund. Es ist eine geheimnisvolle Gestalt in einer Mönchskutte, die kein einziges Wort spricht, bis die Geschichte zu ihrem Höhepunkt kommt. Da gibt sich die Gestalt zu erkennen: «Ich bin das letzte menschliche Wesen. Denkt daran, was immer ihr auch tut, ganz gleich, wie sehr ihr euch bemüht, mit mir wird alles enden.»

Es gibt wohl kaum ein wirkungsvolleres Motiv, um die jugendliche Phantasie anzuregen. Selbst heute, mit der Erfahrung aus Jahrzehnten, und – wie ich hoffe – einem klaren Urteil, kann ich mich noch immer nicht der Kraft des literarischen Bildes entziehen, wenn ich auch weiß, daß die Geschichte unter biologischen und physikalischen Gesichtspunkten mißlungen ist. Dient nicht all unser Wissen über die Struktur des Universums, über vereinigte Feldtheorien und Dunkle Materie letztlich nur dazu, diese fatalistische Zukunftssicht zu fördern? Wenn es in vielen Milliarden Jahren kein Leben, keine Intelligenz und keine Erinnerung an die Unternehmungen der Menschheit mehr geben soll, was ist dann der Sinn der Existenz?

Als Wissenschaftler und als Mensch habe ich mich immer wieder dieser Frage stellen müssen. Vielleicht hilft Ihnen ja meine Lösung, wenn Sie selbst damit konfrontiert werden. Nach einer langen Zeit der Unentschiedenheit habe ich schließlich erkannt, daß man die ganze Angelegenheit auf eine einfache Formel bringen kann: Wie werde ich morgen handeln? Wie werde ich, angesichts meines Wissens um die Zukunft des Universums, mit den alltäglichen Entscheidungen fertig werden, die mein Leben bestimmen? Mag es so sein, daß sich das Universum in einer Quadrillion Jahren als kaltes Meer aus Strahlung ausbreitet, daß niemand mehr da ist, der weiß, wie ich mich morgen verhalten werde, niemand, der sich an irgendeinen von uns und unsere Taten erinnert. Aber das ist unwichtig. Worauf es ankommt, ist, daß *ich* morgen weiß, was ich getan habe, daß *ich* weiß, ob ich alles getan habe, was in meinen Kräften stand.

Dies ist am Ende das einzige, was zählt.

Weiterführende Literatur

Atkins, Peter W.: Schöpfung ohne Schöpfer. Was war vor dem Urknall? Rowohlt, Reinbek 1984

Breuer, Reinhard: Die Pfeile der Zeit. Über das Fundamentale in der Natur. Ullstein Tb, Berlin 1987

Ders.: Ein Anfang und kein Ende. Das neue Bild vom Kosmos. GEO 11/1988

Davies, Paul: Gott und die moderne Physik. Goldmann, München 1989

Ders.: Die Urkraft. Auf der Suche nach einer einheitlichen Theorie der Natur. Rasch & Röhring, Hamburg 1987

Davies, Paul C. W.; Brown, Julian R. (Hg.): Superstrings. Birkhäuser, Basel/Boston/Stuttgart 1989

Elsässer, Hans: Weltall im Wandel. Die neue Astronomie. Rowohlt Tb, Reinbek 1988

Ferris, Timothy: Galaxien. Birkhäuser, Basel/Boston/Stuttgart 1987

Fritzsch, Harald: Quarks – Urstoff unserer Welt. Neuausgabe. Piper, München 1984

Ders.: Vom Urknall zum Zerfall. Die Welt zwischen Anfang und Ende. Piper, München 1983

Ders.: Eine Formel verändert die Welt. Newton, Einstein und die Relativitätstheorie. Piper, München 1988

Hawking, Stephen W.: Eine kurze Geschichte der Zeit. Die Suche nach der Urkraft des Universums. Rowohlt, Reinbek 1988

Höfling, Oskar; Waloschek, Pedro: Die Welt der kleinsten Teilchen. Vorstoß zur Struktur der Materie. Rowohlt, Reinbek 1984

Kippenhahn, Rudolf: Hundert Milliarden Sonnen. Geburt, Leben und Tod der Sterne. Piper, München 1981

238 Weiterführende Literatur

Peat, F. David: Superstrings. Hoffmann & Campe, Hamburg 1989

Schklowski, Josif S.: Geburt und Tod der Sterne. Urania-Verlag, Leipzig/Jena/Berlin 1988

Schopper, Herwig: Materie und Antimaterie. Teilchenbeschleuniger und der Vorstoß zum unendlich Kleinen. Piper, München 1989

Spektrum der Wissenschaft – Verständliche Forschung: Teilchen, Felder und Symmetrien. Heidelberg 1984

Dass.: Kosmologie. Heidelberg 1984

Dass.: Die Entstehung der Sterne. Heidelberg 1986

Dass.: Elementare Materie, Vakuum und Felder. Heidelberg 1986

Dass.: Gravitation. Heidelberg 1987

Trefil, James S.: Sind wir allein im Universum? Birkhäuser, Basel/Boston/Stuttgart 1982

Ders.: Reise ins Innerste der Dinge. Vom Abenteuer des physikalischen Sehens. Birkhäuser, Basel/Boston/Stuttgart 1984

Ders.: Im Augenblick der Schöpfung. Physik des Urknalls – von der Planck-Zeit bis heute. Birkhäuser, Basel/Boston/Stuttgart 1984

Waloschek, Pedro: Neuere Teilchenphysik – einfach dargestellt. Aulis Verlag Deubner & Co., Köln 1989

Weinberg, Steven: Die ersten drei Minuten. Der Ursprung des Universums. Piper, München 1977

Register

A

ABELL, GEORGE 84 f
– Abell-Galaxienhaufen 84 f
«adiabatische Situation» 79
    (s. a. Massenkonzentratio-
    nen)
Antineutrino 162
Antiproton 217
Antiselektron 214–216
ARCHYTAS VON TARENT 7 f,
    11, 14, 28, 130 f
Asteroiden 83
Astronomie, galaktische 39, 42,
    44
«Äther» 221
«Ätherwind» 221
Atombildung 62, 67, 71 f,
    75–77, 79 f, 116–118, 148,
    223
Atomkerne 57, 62 f, 148
Atomüberschuß 73
Ausfrierung → Urknallmodell,
    Gefrierprozesse
«Autobahn»-Analogie → Neu-
    rinos
Autokorrelationsfunktion
    → Galaxien

Axion 188 f, 228 f
    (s. a. WIMPs; CPT-Symme-
    trie)

B

«Bärenhüter» → Sternbild Boo-
    tes
Baryonen 148 f, 151, 155, 223
baryonische Materie → Dunkle
    Materie
BATUSKI, DAVID 89 f
Blasen 54, 82, 94–96
    (s. a. Leerräume)
BOEHM, FELIX 173
BOSE, SATYENDRA NATH 179
Bosonen 179, 181
– als offene Strings 183
«Braune-Zwerge-Hypothese»
    154
    (s. a. Dunkle Materie, Kandi-
    daten)
«Brotteig»-Analogie → Gala-
    xie(n)
BURNS, JACK 120

C

CABRERA, BLAS 219–222
CERN 217–219
Cluster, galaktische → Galaxienhaufen
CPT-Symmetrie 188 f
CURTIS, HEBER 44

D

DAVIS, MARC 123, 126
«Defekte» bei Gefrierprozessen 198 f
(s. a. Strings)
«Delta-Cepheiden» 41, 43, 45
DESY 216
Deuterium 63, 148, 150
Deuteriumhäufigkeit 150 f
«Domänen» bei Gefrierprozessen 197–199
Doppler-Effekt 46, 48, 104
(s. a. Rotverschiebung; Hubble, Edwin)
Dunkle Materie 9 f, 38, 100, 110–113, 117, 124, 126, 128 f, 142, 146, 154, 176 f, 187 f, 204, 207, 213, 223, 228, 232, 234
– Alltagserfahrungen 228–230
– baryonisch 148–151, 154 f
– Beschaffenheit 115, 117, 119, 127, 192, 212
– Entkopplung 117 f
– «fehlende Masse» 128, 142 f, 145
– Galaxienhaufen 142
– Halo 110, 117
(s. a. Galaxien)
– heiße 118 f, 121 f, 157
– kalte 118 f, 123 f, 126, 174, 178, 205
– Kandidaten 116, 122, 126, 147, 153
– kosmische Strings 195
– nicht baryonisch 152
– Rotationstempo 219
– Siliziumdetektor 219 f
– Struktur des Universums 115, 126
– supersymmetrische Teilchen 182
– «Verzerrung» 124, 126, 205
– WIMPs 177 f, 192
– «Wind» 219, 221 f

E

Einfrierung → Universum, Gefrierprozesse
EINSTEIN, ALBERT 83, 133, 135 f, 138 f
(s. a. Relativitätstheorie)
Elektronen 56 f, 62, 116, 162, 167 f, 179 f, 214–216, 226
– freie 56
Elektron-Neutrino → Neutrino

Elektron-Positron-Paar 216
Elektronenenergie 168
Elektronenmasse 189 f
Elektronenvolt (eV) 168, 175
Elementarteilchen 188, 212
Entkopplung 72, 75, 78, 120
− Dunkle Materie 117 f
− Galaxienbildung 227
− kalte Dunkle Materie 122,
  126
− Neutrinos 120, 156
− Strahlung und Materie 72,
  74, 79 f, 116, 121, 123, 202,
  207
Epizykel 17, 154
  (s. a. Planetenbewegungen)

F

«fehlende Masse» → Dunkle
  Materie
Feldtheorien, vereinheitlichte
  20, 58, 225, 234
FERMI, ENRICO 155, 179
Fermionen 179−182
  (s. a. Supersymmetrie)
Filamente → Universum, faden-
  förmig

G

Galaxie(n) 8, 44, 46, 78, 202
− Abstandsmessung → Auto-
  korrelationsfunktion

− Anordnung 89
− Autokorrelationsfunktion
  88, 203
− Bewegung 48−50, 93
  (s. a. Rotverschiebung)
− «Brotteig»-Analogie 50−52,
  144
− Existenzerklärung 68
− Halo 112 f, 142, 148 f,
  152−155, 232
− isothermisches Modell 77
  (s. a. Galaxienbildung)
− «Meeresboden»-Analogie
  124
− Protogalaxien 78
− Rotation 101 f, 104−108
− Spiralarme 103, 110 f
− «Top-down»-Szenario 121,
  157
− Verdichtungskerne 76, 81,
  99
Galaxienbildung 8, 68, 70,
  72−75, 77, 99 f, 200, 208,
  227
Galaxienhaufen 10, 30, 46,
  77 f, 83−85, 88, 90,
  112−114, 122, 200, 207
Galaxienkarte 86, 89, 125
Galaxien-Superhaufen 10 f, 46,
  68, 84 f, 89 f, 99 f, 121, 200,
  202, 207
Galaxienvermessung 39 f, 85 f,
  93
Galaxis → Milchstraße

GELLER, MARGARET 89
Gluon 180
Gravitation → Schwerkraft
Gravitationskollaps 75, 81,
   120 f, 156
Gravitationslinse 208, 210
– als Indiz für einen String
   209
Gravitationsstrahlung 210
   (s. a. Strings)
Gravitationswellen 206–208
Große Einheitliche Theorien
   200, 226
   (s. a. GUT)
Grundkräfte 58
– elektromagnetische Kraft 58,
   61
– elektroschwache Kraft
   58–60, 67
– schwache Kraft 58, 61
→ Schwerkraft
– starke Kraft 58–60, 196
– stark-elektroschwache Kraft
   59 f
GUT (Grand Unified Theories)
   61, 67
GUT-Einfrieren 196 f, 203, 205
GUTH, ALAN 143, 145

H

Halo, galaktischer → Galaxien
Halo, sphärischer 110
HAWKING, STEPHEN 143

Helium 62 f, 148, 152, 231
Heliumhäufigkeit 149, 224
HERSCHEL, FRIEDRICH WIL-
   HELM 35 f, 44
– Modell der Milchstraße 36
Hintergrundstrahlung 62, 64 f,
   79 f, 98, 119, 152, 157, 189 f
HIPPARCHOS 23
HUBBLE, EDWIN 8, 45 f, 48 f,
   50 f, 53, 88, 111
Hubble-Expansion 57, 62 f, 70,
   74, 88, 93, 116, 233
   (s. a. Galaxienbewegung;
   Galaxienbildung; Urknall-
   modell)
«Hubble Bubbles» 94 f, 97 f

I

Inflationstheorie → Universum,
   inflationäres

J

JEANS, JAMES 74 f
   (s. a. Schwerkraftinstabilität;
   Massenkonzentrationen)
– Steady state-Theorie 75
«Jet» 218
Jupiter 148 f, 152 f, 154

K

KANT, IMMANUEL 37
«Keime» → Galaxien, Verdichtungskerne
KEPLER, JOHANNES 106
– Kepler-Rotationskurve 107 f, 109
Kernsynthese 67, 149 f, 154 f
Kompaktifizierung 186
  (s. a. Superstring-Theorien)
Kondensationskerne → Galaxien, Verdichtungskerne
KOPERNIKUS, NIKOLAUS 8, 26 f, 44, 111
Korrelationsfunktion → Galaxien, Autokorrelationsfunktion
Kräfte → Grundkräfte
KUES, NIKOLAUS VON 28, 51
Kugelsternhaufen 43

L

LEAVITT, HENRIETTA SWAN 41, 45
  (s. a. Pulsation)
Leerräume 10, 54, 84 f, 90 f, 93 f, 96 f, 99 f, 123–126, 202, 223 f
  (s. a. Sternbild Bärenhüter)
– physikalische Erklärung 98
Lepton 57–60, 163, 179
– Myonen 163
– Tau-Leptonen 163

Lick Observatorium 85
Lithium 62 f, 150 f
Lithiumhäufigkeit 150 f, 224
Lücken → Leerräume
LUTHER, MARTIN 24

M

Masse, «fehlende» → Dunkle Materie
Massenkonzentrationen (Massenverdichtungen) 74–81, 107, 120, 122
  (s. a. Galaxienbildung)
– «adiabatische Situation» 79
Materie
– kritische Dichte 141
  (s. a. Universum, kritische Masse)
– leuchtende (sichtbare) 9, 68, 85, 110, 112, 114, 123–126, 141, 207
– Verteilung 76, 125
– Zusammenballung 77, 79
– Zusammenschluß mit Strahlung 80
Materieüberschuß 73
MICHELSON, ALBERT 221
Milchstraße (Galaxis) 10, 30, 32 f, 35 f, 39, 41–44, 85, 101, 108, 111, 148, 207, 213, 231
– differentielle Rotation 101–103

- «Lokale Gruppe» 85
- spiralförmig 42, 101–103, 110f
- Wrights Sphären 34

MORLEY, EDWARD 221

Mount Palomar Observatorium 84

Mount Wilson Observatorium 39, 45, 51

Multidimensionalität 185, 229
  (s. a. Superstring-Theorien)

N

Nebel 36, 45
- Andromeda 36f, 85
- Beschaffenheit 38f, 41
- Spiralnebel 37, 44f, 101

Neutrinos 156, 167, 182, 218, 228f
- «Autobahn»-Analogie 163–165
- Detektor 164f, 170
- «Einbrecher»-Analogie 161f, 167
- Elektron-Neutrino 162f
- Entkopplung 120, 156
- «frei strömende» 120–122
- Galaxienbildung 166
- Gesamtmasse 156
- «geschlossenes» Universum 166
- heiße Dunkle Materie 118f, 122, 155, 157, 166, 169, 171, 173, 175, 227
- Masse gering 158, 161, 166, 169
- Masse Null 119, 161f, 164, 174f
- massive 120, 157–161, 167–169, 171, 174
- Myon-Neutrino 163f
- Oszillationen 166f, 170, 173, 192
- Sonnenneutrinos 191, 221
- Struktur des Universums 227
- Tau-Neutrino 163f
- «Urneutrino» 156
- «Vermischung» 162, 164

Neutron 57, 62f, 148, 151, 162, 169, 171, 180

Neutronenzerfall 166f, 170, 174

NEWTON, ISAAC 33, 133, 138–140

Nova 44
- Supernova 44, 213

O

«Ourobouros» → Strings

P

Parallaxe 21, 27
- Sternparallaxe 23, 28

«Paralleluniversen» 97

PARSONS, WILLIAM 37
PECCEI, ROBERTO 189
PEEBLES, P. J. E. («JIM») 86,
  89, 201
PENZIAS, ARNO 64, 150
Phasenübergang 144
  (s. a. Universum, inflationä-
  res)
Photino 181 f, 190, 214,
  216–218, 233
  (s. a. Supersymmetrie)
Photonen 70, 179
Photonenaustausch 180
Planck-Zeit 186–188
  (s. a. Universum, frühes; Ur-
  knallmodell)
Planetenbewegungen 17, 27, 33
Plasma 56, 70 f, 72, 116, 200
«Population II» 153
Positronen 215 f
Proton 57, 61–63, 116, 141,
  148, 151, 162, 167,
  180–182, 195, 214–217,
  232
– Antiproton 217
PTOLEMÄUS, CLAUDIUS 17
  (s. a. Universum, Ptolemäi-
  sches)
Pulsar 210
Pulsation 41, 45
PYTHAGORAS 7, 23

Q

Quantenfeldtheorie 201
Quantenmechanik 20, 35, 162,
  164
Quarks 10, 51–61, 179 f, 183
Quasar 8, 131 f, 210
  (s. a. Galaxienbewegung)
QUINN, HELEN 189

R

Raumzeit 134 f, 145
  (s. a. Relativitätstheorie, allgemeine)
– gekrümmte 135 f
REINES, FREDERICK 160, 166,
  170
  (s. a. Neutrino, massives)
Relativitätsprinzip 135–137
Relativitätstheorie, allgemeine
  133, 140, 144, 206–208
– Beobachter 136
– Fahrstuhl-Experiment 136 f
– geschlossenes Universum 133
– Gummituch-Analogie 137 f
– offenes Universum 133
Rotation, differentielle
  101–103, 106
  (s. a. Milchstraße)
Rotationskurven 104–109
Roter Riese 231
Rotverschiebung 48 f, 53, 62,
  66, 89, 93–96, 123

246 Register

(s. a. Galaxienbewegung;
Galaxienvermessung)
RUBBIA, CARLO 218

S

«Satome» 230
«Schattenelektron» 187
Schattenmaterie 187, 190, 229
Schattenuniversum 10, 187
SCHRAMM, DAVID 226 f
schwarze Löcher 69, 148, 153 f,
232 f
Schwerkraft 58–60, 67, 72, 76,
78, 104, 122, 130 f, 137,
152 f, 187, 205, 229
(s. a. Relativitätstheorie, all-
gemeine)
– Galaxienbildung 73, 116
– Trennung von anderen Kräf-
ten 180 f, 190
(s. a. Urknallmodell, Gefrier-
prozesse)
Schwerkraftanker 85
Schwerkraftinstabilität 74 (s. a.
Massenkonzentrationen)
«Selektron» 182, 214, 216, 230
SHANE, DONALD 85 f, 88 f
SHAPLEY, HARLOW 42–44,
111
Siliziumdetektor→ Dunkle
Materie
solare Seismologie 191
«Sonnenbebenwellen» 191

Sonnenneutrinos→ Neutrinos
Sonnenoszillation 191 f
Sonnen-WIMPs 191
«Sneutrinos» 182
«Spartikel» 182, 187
Sphären 17, 26, 33 f
(s. a. Universum, Ptolemäi-
sches)
Spin 179, 181
Squarks 182, 190, 218
stark-elektroschwache Verein-
heitlichung→ GUT
Sternbilder
– Bootes 91, 93 f, 123, 126
– Perseus-Pegasus 89 f, 205
Sternenvermessung 36, 39–41,
44 (s. a. Galaxienvermes-
sung; Rotverschiebung)
Strahlungsdruck 70, 76 f, 81,
116 f, 119, 200
String-Hypothese 202
Strings, kosmische 10 f, 60, 99,
174, 194 f, 202–205, 210,
225 f, 229
– «Abwerfen der Schleifen»
202
– Bildung 196
– «Defekte» 199
– Dunkle Materie 118 f, 195
– Formen 200, 205
– Galaxien 200, 207
– geschlossene 183
– «Gitarrensaiten»-Analogie
183 f, 206

- offene 182
- «Ourobouros» 194, 202, 205, 207
- Schleifen 201, 203, 207, 229
- supersymmetrische 226
- Verhalten 201
Sublimation 153
Superhaufen (Supercluster)
  → Galaxien-Superhaufen
Superkohlenstoff 230
Supernova 44, 213
Superstring-Theorien 67, 182–185, 187, 190, 194
Supersymmetrie 67, 179, 181 f, 192
Supersymmetrie-Theorien 59, 197, 226
Supersymmetrische Teilchen 181 f, 184, 190, 217 f
  (s. a. Dunkle Materie)
Symmetriebruch 182

T

Teilchen 59, 70, 200, 215, 226
Teilchenbeschleuniger 61, 136, 161, 212 f, 216
- Target 213 f
Teilchenmassen 168
Teilchenschauer 213
Teilchenstrahlen 215
TEMPIER, ÉTIENNE 24
THOMAS VON AQUIN 24

Triangulation 40 f
  (s. a. Galaxienvermessung)
Tritium 170 f, 174
- Valin 171
Turbulenz 69, 75–77
TUROK, NIEL 200, 226 f

U

Universum
- Anfang in der Zeit 51 f, 65
  (s. a. Urknallmodell)
- Anfangsstadium, heißes 66 f
- Ausdehnung 8, 29, 32, 46, 51 f, 54, 59, 66–68, 74, 130, 132, 145, 189, 204, 231 f
- «Bottom-up»-Modell 122
- Ende 54
- netzförmiges 86, 89, 123
- flaches 36, 133, 139, 141, 143, 145 f, 152
- frühes 55–57, 71, 77–79, 81, 116, 118, 121, 195, 203
- geozentrisches Modell 14, 18, 20 f, 23 f, 27, 42, 44, 83, 111
- Gesamtmasse 132, 141 f
- geschlossenes 132 f, 138 f, 141
- Größe 7, 34, 130
- heliozentrisches Modell 23, 111
- homogenes 82 f
- inflationäres 143 f, 146, 152, 196

248 Register

- inhomogen 83
- Kopernikanisches 28
- kritische Masse(ndichte) 73, 141, 143, 146, 149, 151 f, 156
- offenes 132 f, 138–140
- Prozeß 53 f, 58, 60, 116
- Ptolemäisches 17 f, 24, 26, 42, 154
- statisch 53 f
- Struktur (allgemein) 7, 68, 82, 114 f, 123, 145, 147, 223, 225, 234
- Struktur (großräumig) 81, 85, 93, 97, 115, 122, 154, 211, 231
- Temperatur 56 f, 59 f, 77 f, 148 f
- «Top-down»-Szenario 121, 157
- verzerrte Sicht 124
Urknallmodell 49 f, 64, 67, 70, 96, 98, 116–118, 230
- Beweise 62, 64, 148
- Definition 52
- Gefrierprozesse 56 f, 59–61, 70, 72, 76, 143–145, 180, 186, 196, 199, 204
- 10^{-43} Sekunden (Planck-Zeit) 60, 180
- 10^{-35} Sekunden 60 f, 143–145, 196, 199, 226

- 10^{-10} Sekunden 61
- 10 Mikrosekunden 61
- 1 Sekunde 119 f, 157
- Dreiminutenmarke 62, 148–150
- 100 000 Jahre 62, 70 f
- 500 000 Jahre 72, 76, 81
- 1 000 000 Jahre 62, 70

V

Vieldimensionalität → Multi-dimensionalität

W

Wechselwirkung 57 f, 60, 116, 160, 178, 180, 182, 187, 189, 229
- Dunkle Materie 221
- Licht und Materie 71
- Neutrinos und Materie 119, 156 f
- Photinos und Materie 216
- Strahlung und Materie 70–72, 81
- Strahlung und Plasma 72
WEINBERG, STEVEN 233
Weißer Zwerg 231
«Welteninseln» 32, 37, 44–46
WILSON, ROBERT 64
WIMPs 177 f, 187 f, 191 (s. a. Dunkle Materie)

WIRTANEN, CARL 85 f,
88 f
WRIGHT, THOMAS 33–35
  (s. a. Universum, Größe des)

Z

«Zeitfenster» 75, 100, 117
  (s. a. Universum, frühes)

science

Eine neue Reihe stellt sich vor: rororo «science». Sie bietet Lesern, die sich für Naturwissenschaft und Technologien interessieren aktuelle und verläßliche Informationen. Die Autoren sind Wissenschaftler und Wissenschaftsjournalisten, die ohne Formelhuberei und Fachkauderwelsch, dafür mit Sachverstand, Witz und farbiger Sprache über verschiedene Forschungsbereiche berichten.
Besonders konzentriert sich «science» auf die Schnittstellen, an denen Naturwissenschaft unseren Alltag und unser Denken berührt. Die Lust am Gedankenexperiment und das Staunen über die Wunder des Universums prägen die Reihe genauso wie die Wachsamkeit gegenüber den Gefahren, die aus der Forschung erwachsen.

James Trefil
Fünf Gründe, warum es die Welt nicht geben kann *Die Astrophysik der Dunklen Materie*
(rororo science 9313)
Mai 92

Alexander R. Lurija
Das Gehirn in Aktion
Einführung in die Neuropsychologie
(rororo science 9322)
Juni 92

Gero von Randow
Das Ziegenproblem *Denken in Wahrscheinlichkeiten*
(rororo science 9337)
Juli 92

Armin Hermann
Die Jahrhundertwissenschaft
Werner Heisenberg und die Geschichte der Atomphysik
(rororo science 9318)
August 92

Sebastian Vogel
Lexikon Gentechnik
(rororo science 9192)
September 92

Dietrich Dörner
Die Logik des Mißlingens *Strategisches Denken in komplexen Situationen*
(rororo science 9314)
Oktober 92

rororo sachbuch

transformation

«Und wenn der große Phönix frei fliegt, sieh genau hin, was er behutsam zwischen seinen Krallen trägt.» *No-Eyes*

Mary Summer Rain
Der Phönix erwacht *Weisheit und Visionen*
(rororo transformation 8558)

Spirit Song *Der Weg einer Medizinfrau*
(rororo transformation 8537)

Weltenwanderer *Der Pfad der heiligen Kraft*
(rororo transformation 8722)

Chögyam Trungpa
Das Buch vom meditativen Leben
(rororo transformation 8723)
Die Shambhala-Lehren vom Pfad des Kriegers zur Selbstverwirklichung im täglichen Leben.

Peter Orban/Ingrid Zinnel
Drehbuch des Lebens *Eine Einführung in die esoterische Astrologie*
(rororo transformation 8594)

Stephen Arroyo
Astrologie, Psychologie und die vier Elemente
(rororo transformation 8579)
Einer der führenden Astrologen Amerikas skizziert die Bedeutung der vier Elemente als archaische Kräfte für die Seele und weist auf die bislang ungenutzten Möglichkeiten hin, astrologisches Wissen in der Psychotherapie einzusetzen.

Lynn Andrews
Die Medizinfrau *Der Einweihungsweg einer weißen Schamanin*
(rororo transformation 8094)

Paul Hawken
Der Zauber von Findhorn *Ein Bericht*
(rororo transformation 7953)
Ein Erlebnisbericht aus der berühmten New Age-Community.

Janwillem van de Wetering
Ein Blick ins Nichts *Erfahrungen in einer amerikanischen Zen-Gemeinde*
(rororo transformation 7936)

Margaret Frings Keyes
Transformiere deinen Schatten *Die Psychologie des Enneagramms*
(rororo transformation 9165)
Ein praktisches Buch, das die tiefe Weisheit des Enneagramms für jeden zugänglich macht.

Das gesamte Programm der Taschenbuchreihe «transformation» finden Sie in der Rowohlt Revue. Jedes Vierteljahr neu. Kostenlos in Ihrer Buchhandlung.

rororo sachbuch

3415/1

transformation

«Ein spirituelles Leben zu führen heißt, dem Ewigen zu gestatten, sich durch uns in den gegenwärtigen Augenblick hinein auszudrücken.»
Reshad Feild

Stanislav Grof
Geburt, Tod und Transzendenz
Neue Dimensionen in der Psychologie
(rororo transformation 8764)
Eine Bestandsaufnahme aus drei Jahrzehnten Forschung über außergewöhnliche Bewußtseinszustände.

Ken Wilber
Das Spektrum des Bewußtsein
Eine Synthese östlicher und westlicher Psychologie
(rororo transformation 8593)
«Ken Wilber ist einer der differenziertesten Vordenker und Wegbereiter des Wertewandels in Wissenschaft und Gesellschaft.»
Psychologie heute

Gary Zukav
Die tanzenden Wu Li Meister
(rororo transformation 7910)
Der östliche Pfad zum Verständnis der modernen Physik: vom Quantensprung zum Schwarzen Loch

Reshad Feild
Schritte in die Freiheit *Die Alchemie des Herzens*
(rororo transformation 8503)
Das atmende Leben *Wege zum Bewußtsein*
(rororo transformation 8769)
Leben um zu heilen
(rororo transformation 8509)
Ein esoterisches 24-Tage-Übungsprogramm, das jedem die Möglichkeit gibt, Heilung und Selbstentfaltung zu erfahren.

Robert Anton Wilson
Der neue Prometheus *Die Evolution unserer Intelligenz*
(rororo transformation 8350)
«Robert A. Wilson ist einer der scharfsinnigsten und bedeutendsten Wissenschaftsphilosophen dieses Jahrhunderts.»
Timothy Leary

Joachim-Ernst Berendt
Nada Brahma *Die Welt ist Klang*
(rororo transformation 7949)
Das Dritte Ohr *Vom Hören der Welt*
(rororo transformation 8414)
«Wenn wir nicht wieder lernen zu hören, haben wir dem alles zerstörenden mechanistischen und rationalistischen Denken gegenüber keine Chance mehr.»
Westdeutscher Rundfunk

rororo sachbuch

Das gesamte Programm der Taschenbuchreihe «transformation» finden Sie in der Rowohlt Revue. Jedes Vierteljahr neu. Kostenlos in Ihrer Buchhandlung.

3415/1a

Unser Körper – Unser Leben
Ein Handbuch von Frauen für Frauen. Überarbeitete und erweiterte Neuausgabe
(2 Bände: rororo sachbuch 8408 und 8409)
Ein Standartwerk der weiblichen Gesundheit, das in dem Bücherschrank keiner Frau fehlen sollte. Entsprechend der neuen amerikanischen Ausgabe von "Our bodies, Ourselves" wurde auch die deutsche Ausgabe vollständig aktualisiert.

Unser Körper – Unser Leben Über das Älterwerden *Ein Handbuch für Frauen*
(rororo sachbuch 8841)
Wie *Unser Körper – Unser Leben* ist dieses Buch ein Gemeinschaftsprojekt und beruht auf den Erfahrungen vieler Frauen. Es richtet sich an alle, die ihr Leben und ihr Älterwerden selbst in die Hand nehmen wollen. Denn: Niemand wacht auf und ist plötzlich siebzig, und unser Wohlbefinden hängt weniger von den Jahren ab, die wir schon gelebt haben, als davon, wie wir mit uns selbst umgegangen sind.

Ruth Bell (Hg.)
Wie wir werden - Was wir fühlen
Ein Handbuch für Jugendliche über Körper, Sexualität, Beziehungen. Überarbeitete und erweiterte Neuausgabe
(rororo sachbuch 8823)
Fakten, Berichte, Bekenntnisse und Informationen zu allen Themen, die das Leben zwischen 12 und 20 so aufregend, irritierend, schwierig und schön machen.

Nathaniel Branden
Ich liebe mich auch *Selbstvertrauen lernen*
(rororo sachbuch 8486)

M. James / D. Jongeward
Spontan leben *Übungen zur Selbstverwirklichung*
(rororo sachbuch 8301)

Thomas Grossmann
Eine Liebe wie jede andere
Mit homosexuellen Jugendlichen leben und umgehen
(rororo sachbuch 8451)

John Selby
Einander finden *Übungen zur Psychologie der Begegnung in Freundschaft, Beruf und Liebe*
(rororo sachbuch 7991)

Sämtliche Bücher und Taschenbücher zum Thema finden Sie in der *Rowohlt Revue*. Jedes Vierteljahr neu. Kostenlos in Ihrer Buchhandlung.

Medizin und Gesundheit

Gesund sein, das bedeutet nicht nur nicht krank sein. Gesundheit manifestiert sich in körperlich-seelischer Harmonie, im entspannten Umgang mit der eigenen Körperenergie.

Paavo Airola
Natürlich gesund *Ein praktisches Handbuch biologischer Heilmethoden*
(rororo sachbuch 8314)

Robert J. Blom
Chiropraktik *Die Wirbelsäule als Zentrum vielfältiger Beschwerden*
(rororo sachbuch 8765)

Angelika Blume
Verhüten oder Schwangerwerden *Natürliche und gefahrlose Wege zur selbstbestimmten Fruchtbarkeit*
(rororo sachbuch 8369)
PMS - Das Prämenstruelle Syndrom
(rororo sachbuch 9129)

Ingo Jarosch
Tai Chi *Neue Körpererfahrung und Entspannung*
(rororo sachbuch 8803)

Hans-Dieter Kempf
Die Rückenschule *Das ganzheitliche Programm für einen gesunden Rücken*
(rororo sachbuch 8767)

Peter Lambley
Psyche und Krebs *Zur Psychosomatik von Krebserkrankungen Vorbeugen - Lindern - Heilen*
(rororo sachbuch 8862)

Neslon Lee Novick
Gesunde, schöne Haut *Ein dermatologischer Ratgeber*
(rororo sachbuch 8761)

Ingrid Olbricht
Die Brust *Organ und Symbol weiblicher Identität*
(rororo sachbuch 8525)

John Pekkanen
Lisa.
Vom Tod, der Leben spendet *Die Geschichte einer Organtransplantation*
(rororo sachbuch 9135)

Elaine Fantle Shimberg
Der gestresste Darm *Hilfe bei Verdauungsstörungen*
(rororo sachbuch 9105)

Frauke Teegen
Ganzheitliche Gesundheit *Der sanfte Umgang mit uns selbst*
(rororo sachbuch 8308)

Das gesamte Programm der Taschenbuchreihe *Medizin und Gesundheit* finden Sie in der Rowohlt Revue. Jedes Vierteljahr neu. Kostenlos in Ihrer Buchhandlung.

rororo sachbuch

3407/1